大道至简

——幸福的艺术

钱静 著

简而不失其华。简单会快乐，简单会幸福，而幸福是人生的目的。

中华工商联合出版社

图书在版编目（CIP）数据

大道至简：幸福的艺术／钱静著. -- 北京：中华工商联合出版社，2017.2（2023.6重印）

ISBN 978 - 7 - 5158 - 1868 - 9

Ⅰ. ①大… Ⅱ. ①钱… Ⅲ. ①人生观 - 通俗读物

Ⅳ. ①B821

中国版本图书馆 CIP 数据核字（2016）第 308725 号

大道至简：幸福的艺术

作　　者：钱　静
责任编辑：吕　莺　张淑娟
封面设计：信宏博
责任审读：李　征
责任印制：迈致红
出版发行：中华工商联合出版社有限责任公司
印　　刷：三河市燕春印务有限公司
版　　次：2017 年 5 月第 1 版
印　　次：2023 年 6 月第 3 次印刷
开　　本：787mm×1092mm　1/16
字　　数：275 千字
印　　张：15.25
书　　号：ISBN 978 - 7 - 5158 - 1868 - 9
定　　价：39.90 元

服务热线：010 - 58301130
销售热线：010 - 58302813
地址邮编：北京市西城区西环广场 A 座
　　　　　19 - 20 层，100044
http：//www.chgslcbs.cn
E-mail：cicap1202@sina.com（营销中心）
E-mail：gslzbs@sina.com（总编室）

目　录

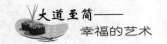

第一章

在简单生活中
　　　　体味幸福

调整心态，追寻幸福

很多人常常忽略自己拥有的幸福，他们或者是在羡慕、嫉妒、愤恨中让内心饱受煎熬，或者是因为一时的得失而痛苦不堪。他们总认为自己不幸福，其实幸福之道在于有一颗简单的心。人只要有积极的心态，就会发现自己的幸福并不比别人的少。

幸福并不遥远，在每天日出日落的更替中，幸福随时都环绕在你的身边。清晨出门，父母关切的叮咛是幸福；夜晚归家，家人做好的可口饭菜是幸福；与爱人漫步，畅叙心中的情感是幸福……这些都是简单的事，可这些幸福感受常常被忽略。

幸福以各种各样的形式存在于我们身边，它是一种生命的感受，是一种人生的体验。调整好心态之后，你就会发现，幸福不是去期盼自己没有的东西或者是在大喜大悲中饱受煎熬，而是简单、随意、尽情地享受现在拥有的生活。

追求幸福首先要调整好心态。一个人只要拥有一份好的心情，即使它平淡如水，也未必不是一种幸福。好的心态有助于我们产生纯洁

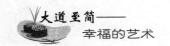

和快乐的思想，会使我们的人生纯净而透明。所以说，幸福之道在于有一颗简单的心，幸福的人不管生活展现给他什么样的面貌，他都会及时调整心态，即使是遭遇困难、身处逆境，也能保持平静、乐观。

有个朋友出差途中不慎将包丢了，钱包、高档相机和他多年来利用业余时间花费了大量心血整理的一些珍贵资料也都丢了。他失落了一段时间，可没过多久我们就又能见到他灿烂的笑容了。

有时我们替他惋惜，他反倒哈哈大笑起来："没什么大不了的，不能因为这点小事影响了我的好心情。留得青山在，何愁没柴烧？毕竟我平安回来了，而且还多了一份教训可以铭记终生了。"

不得不佩服朋友的豁达。是啊，东西反正已经丢了，急、气、怨都是无济于事的。与其丢了东西又损失了一份好心情，还不如心平气和，保持一种良好的心境。

一个人幸福与否，心态至关重要。生活中，无论遇到什么事，一个人只要积极乐观，就一定是幸福的。

一只小蜗牛问妈妈："为什么我们从生下来就要背负这个又硬又重的壳呢？"妈妈看着小蜗牛的眼睛，说道："因为我们的身体没有骨骼的支撑，只能爬，又爬不快，所以需要这个壳保护！"小蜗牛迷惑地问："毛毛虫没有骨头，也爬不快，为什么它却不用背这个又硬又重的壳呢？"妈妈说："因为毛毛虫能变成蝴蝶，天空会保护它啊。"小蜗牛又问："可是蚯蚓也没骨头也爬不快，也不会变成蝴蝶，它为什么不用背这个又硬又重的壳呢？"妈妈说："因为蚯蚓会钻土，大地会保护它啊。"小蜗牛流眼泪了："我们好可怜，天空不保护，大地也不保护，我们怎么办呢?"妈妈安慰它说："所以我们有壳啊!"

是的，无论你的先天条件是否优于别人，都要学会用自己的"壳"善待自己柔软的内心。

有人出了个题目给两位画家，题目是《安静》，要他们各画一张表达同一内容的画。

一位画家画了一个湖，湖面平静得好像一面镜子。另外还画了些远山和湖边的花草，连水面上的倒影也看得清清楚楚。

另一位画家则画了一道飞流直泻的瀑布，旁边有一棵小树，树上有一节小枝，枝上有一个鸟巢，巢里有一只小鸟，那只小鸟正在巢里睡觉。

两幅画哪个技高一筹不言而喻，第二位画家是真正了解安静境界的人。第一位画家所画的湖，不过是一潭死水罢了。

人们追求幸福也是一样，不能只追求表面上的急流勇进般的幸福，而要做一只在瀑布声中还能高卧酣睡的小鸟，去用心感受幸福。时时心态平和、不为环境而盲目冲动的人，能得到更持久的幸福。幸福的人在胜利中不骄傲自满，失败时也不灰心痛苦，幸福的人追求的是一种更高的幸福境界，就像第二位画家所描绘的安静的境界一样。

人有简单的心，就能有好的心态。美味的食物、真诚的友谊、温煦的阳光、欢愉的微笑……幸福和乐趣其实就潜藏在这些简单、微小

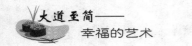

的事物中。记住：幸福不是节日的点缀，也不能奢求，它是我们赠送给我们自己的，它可以伴随我们一天，也可以伴随我们一辈子。

调整好心态，简单一点吧，我们可以生活得更好，感觉更愉快，体会到更多的幸福。

幸福跟着心态走

幸福跟着心态走，内心满足的人往往觉得幸福常在身边。内心满足不是阿 Q 式的自欺欺人，不是骄傲自满，而是适应环境、幸福感强的一种体现。知足者常乐体现的就是这个道理。

人都是有愿望的，愿望引导着人朝着有理想、有目标、有追求的方向前进，去寻找幸福的生活；人也都是有欲望的，欲望和愿望是不同的概念。人的欲望是无止境的，欲望过强的人不但不会幸福，还常常会感到痛苦。所以欲望过强就应该克制，而不是放纵。克制欲望是一种修养内心的过程。无欲则刚的人是幸福的，他们不一定没有欲望，而是他们的修养到了一定的程度，所以能克制欲望。

如何才能拥有好的心态呢？皮尔博士是著名的积极思想倡导者，他主张每日醒来便在心中灌注愉悦思想："想着好的一日，感谢好的一日，计划好的一日，祈祷好的一日，创造好的一日，带着信心出发。"他建议我们要发自内心去喜欢别人，他说："喜欢他人，并

使他们喜欢自己，是生活成功的秘诀。如果活在人的世界中，处处看他人不顺眼，日子将多么难过！"

所以，幸福跟着心态走，天气的阴晴我们无法控制，但心灵的阴晴可由我们自己自由掌握。

一个人把车开到加油站去加油，那天他心情不错。有个年轻人站在那儿，不经意说了一句："你身体好不好？"他说："我觉得很好啊。""是吗？你好像有病！"年轻人说。"我觉得很好啊。"他回答了年轻人，心里却打起鼓来。年轻人坚持说："你看起来并不太好，你气色不对，脸上黄黄的。"他加完油开车离开了那个加油站，心情却糟糕起来，他停下车来看看镜子中的自己是否真的如此。他想：自己的肝可能有问题，自己可能病了自己还不知道。回到家中他还是继续寻找着脸黄的原因，"我真是不幸啊。"为此他感到很焦虑。后来，他反复查找，终于发现了问题所在：加油站的油桶上喷上了黄色的油漆，每个到那里去的人都因反射的光变成了"黄脸"，的确像是有病的样子。

事后，这个人意识到：他竟然让一个完全不认识的陌生人把他的快乐心情完全改变了——别人对他说他好像生病了，他就真的感到生病了！

可见，心态决定幸福，心态对一个人的幸福感有决定性的力量。要拥有好的心态，学会排出自己心中的悲观也是一门很重要的学问。其实人只要有一丝乐观，心中的忧郁就会减轻很多，对一个心态良好的人来说把心中的忧郁驱出内心是完全可能的。不管环境怎样，不要反复想着你的不幸和目前使你痛苦的事情，想想那些愉快有趣的事，以最大的努力去让快乐充满内心，让自己乐观起来，让阳光照进内心。

我们应学会时时把自己的注意力放在美好的事情上而非丑恶的事情上。当我们感到忧郁、失望时，应该试着改变心境，这样在困境中我们也能看到生活的美丽，看到生活中积极的一面、好的一面，我们也会因此而乐观起来。现实中，许多人在忧伤时往往不肯改变想法，总是紧闭心扉，企图靠胡思乱想来驱逐不快，所以他们常常感到不幸福。

经济发展能够增加人的幸福感，在经济高速发展的今天，随着物质从匮乏转向极大丰富，人们开始转向对生活质量的关注，越来越多的人开始追求幸福。很多人以为财富就等同于幸福，但是当财富积累到一定程度，再去增加时，财富对幸福的作用实际上越来越小。所以追求物质层面的幸福不如追求精神层面的幸福。

在生活中，努力追求快乐和心灵的满足才是明智的，不论你是百万富豪还是平民百姓，别以为"只要我赚到100万元，我就幸福了"，别去说"只要能当上总经理我就快乐了"，更别想"等我到退休的时候，有多大的房子有多少钱就满足了"，因为这样的人永远不会感到幸福，因为他们追逐的只是物质的多少。

如果幸福只是增加附加条件或者设定成一个个目标，那这样的幸福不算是真幸福。现实中，有许多享受不到幸福生活的人，就是因为他们在设定的一个又一个目标达到之后，在功成名就中非但不能放

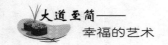

松，反而使自己更加紧张，感到更加不如愿。他们的内心似乎总是受疾病、金钱、权力、物欲的煎熬，甚至还包括亲情的纠缠，直到在痛苦中走完一生仍无法找到心驰神往的幸福。

如果你真的想要得到生活的乐趣，找到幸福的感觉，请从身边的小事做起，比如在躺椅上晒晒太阳、陪父母聊聊天……这些看似简单却很容易办到的事最能让人感到内心的幸福。

简单的奥秘在人的内心

对于简单，每个人都有自己的理解。可究竟怎样才是简单呢？简单在永不疲倦的追求中时时以不同的形式出现，但奥秘始终在于人的内心。简单，更多的时候只是一种感觉，一种对自身综合状况的心理反应。

一个渔夫躺在沙滩上晒太阳，富人走过来问他："你为什么不去打鱼赚钱？"

渔夫没有直接回答，反问道："你干吗呢？"

富人说："我赚了足够的钱，有自己的事业，有汽车，有房子。"

"那又怎样呢？"

"所以我就可以来这里的海滩度假，比如我现在就是在度假。"

"可我今天已经赚够了今天生活的钱，即使我不去打鱼赚钱，不是一样可以像你那样享受生活吗？人活着是为了什么？"渔夫反问富人。

富人陷入了久久的沉思。

这个故事印证了一个道理，简单生活在于自己内心的感觉和对心态的把握。心态不同，价值观不同，人对简单的理解也是不同的。

有人在上街买彩票时中了大奖，有人在孤单落寞时终于觅到了相爱的意中人，有人在人生低落时遇"贵人"相助，这些固然是获取幸福的途径。然而，这样的概率毕竟是小之又小，可遇而不可求。因为，更多的幸福其实就藏在日常琐碎的简单生活里，人只能用心去感受。

幸福是什么？幸福是失落时亲人的一声安慰；幸福是节日里朋友的一个祝福；幸福是生病时亲友的一束鲜花；幸福是疲乏到家时爱人已经准备好的热菜热饭；幸福是儿女亲昵又带着撒娇的一声呼唤……而这些也都是简单的事。所以，细细地品味并把握简单吧，因为简单中蕴含着不简单。

人只要留心体验生活中的简单小事，就能获得幸福。

一个徒弟才华出众，可他总是在其他师兄弟面前抱怨这个抱怨那个，于是师傅想教育教育这个徒弟。

有一天早上，师傅派这个徒弟去取一些盐回来。当徒弟很不情愿地把盐取回来后，师傅让他把盐倒进水杯里喝下去，然后问他味道如何。徒弟吐着舌头说："很苦。"

师傅又让徒弟带着一些盐和自己一起去湖边。来到湖边后，师傅让徒弟把盐撒进湖水里，然后对他说："现在你喝点湖水。"徒弟喝了口湖水。师傅问："有什么味道吗？"徒弟回答："很清凉，不咸。""真的没有尝到咸味吗？"徒弟说："没有。"

师傅意味深长地对徒弟说："人生的抱怨如同这些盐一样，总是有一定数量的，或多或少总是有限的。我们承受抱怨的能力的大小决定我们的幸福或者痛苦的程度。抱怨如盐，如果你的心如杯子那样有限，那把抱怨的盐放进去就一定会让你尝起来又咸又苦；而如果你的心像湖水那样广阔，那把抱怨的盐放进去就会被淡化，你就没有又咸又苦的感觉了，而是感到清凉可口的甘甜。"

所以，一个人内心的修养很关键，只要心胸宽广，你就不会觉得这也不对那也不好。心态是要打上性格的烙印的，性格开朗、豁达、乐观的人快乐而幸福，而心胸狭窄、脾气古怪、性格孤僻、好挑衅或总是顾影自怜的人，永远也不能感受到快乐和幸福。

萧伯纳说："如果我们感到可怜，很可能会一直感到可怜。"因此，当我们觉得不开心的时候，不妨分析一下自己性格上的弱点，是因为急躁易怒而不快乐呢，还是因为妒嫉自大的性格？不要总是怨天尤人、郁郁寡欢，要豁达、谦虚、宽厚、耐心、冷静地对待生活。积极的心态、良好的性格、高尚的品德，是快乐、幸福的支柱，而这一切需要内心的简单。

简单就在身边

很多时候，简单就在我们身边，只是我们把事情看复杂了。

三毛说，她想有一间自己的书房，不必有窗，也不必太宽敞，只要容得下一桌一椅一台灯即可。桌上放一叠书，灯下是一个真实的人，听得见自己的心跳。

是的，只要你心无障碍，什么都看得开、放得下，何愁没有幸福的春莺在啼鸣，何愁没有幸福的泉溪在歌唱，何愁没有幸福的白云在飘荡，何愁没有幸福的鲜花在绽放！

人们总是希望有所得，以为拥有的东西越多，自己就会越幸福。于是，人们沿着追寻获得的路走下去，可是有一天，人们忽然惊觉：忧郁、无聊、困惑、无奈，以及一切的不快乐，都和我们的要求有关。我们之所以不幸福，是因为我们渴望拥有的东西太多了，或者太执着了，不知不觉，我们已经执迷于某个事物了。

简单有很多种方式，为身边的人付出，不求回报，这是简单的最高境界。

　　曾经有这样一位退休老教师，他靠着有限的退休金，甚至是靠捡破烂的收入，以粗茶淡饭度日，却在一生中资助了无数的贫困学生。老教师看着贫穷的孩子一个个迈进高等学府，用知识改变命运。憧憬着他们未来长大成才，笑容布满了老教师的脸庞，他的心里洋溢着无限的幸福。

　　当然，不是我们每个人都像老教师那样高尚才能幸福，也不是人人都成为谦谦君子才能快乐。我们平常能感受到的实实在在的幸福就是轻松地享受生活：或坐在湖边遥望轻风拂柳、碧水蓝天，放下所有的疲惫和忧郁；或静静地看孩子们调皮地追逐嬉戏，笑脸映照出他们内心的欢喜，在不由自主的遐想中回到自己的童年，露出久违的笑容；或春节走亲访友，在声声温暖的祝福和鞭炮中辞旧迎新；等等。

　　日子一天天流逝，人们在不知不觉中调整和改变着生活的方式。生活是一首歌，有着多彩的和弦和温馨的旋律；生活是一种风景，有着透明的底色和浪漫的底蕴；生活是一份心境，简单、快乐、纯净。人们不断地感受着生活的瞬间，体会着生活的滋味。

　　人生在世，风风雨雨，沟沟坎坎，苦辣酸甜都可能遇到，但一个人如果没有良好的心态笑对人生，幸福就会与他无缘。很多人得意时张狂自大，失意时自怨自艾，很难获得真正的幸福。

　　因此，我们要保持一种随遇而安、惜福感恩的简单心态，在我们人生轨迹的不断延展中，无论是车水马龙还是门庭冷落，无论是辉煌

夺目还是默默无闻，始终保持平淡如水的心境，这样才真的算是幸福的主人！

有一位老和尚吃饭时向来只配一道咸菜。有一次，他的一位老友来拜访他，见此情景忍不住问他："这咸菜不会太咸吗？""咸有咸的味道。"老和尚回答道。

吃完饭后，老和尚倒了一杯白开水喝，老友又问："不放茶叶吗？怎么喝这么淡的开水？"

老和尚笑着说："开水虽淡，可是淡也有淡的味道。"

是啊！咸菜的咸与白开水的淡就像我们在人生中遇到的不同情境与事件，漫漫人生路我们需要品尝各种滋味，体验各种心境，样样不可缺少。随遇而安，以乐观的心态面对生活，幸福就会常驻我们身边。

很多的幸福都是值得我们珍惜的，我们常常理所当然地认为幸福不会走远而忽略了去感受、去珍惜，直到有一天它彻底远离，我们才知道逝去的幸福是多么的难得。

所以，为了不留下遗憾，体会和珍惜我们身边的幸福吧——这样，生活就会因为我们的用心而给予我们更多的幸福。

抱怨少一些，幸福多一些

无论是锦衣玉食的富翁还是衣不遮体的流浪汉，只要愿意就能为自己的人生确立一个幸福的目标，然后满怀希望地去追求幸福。这个目标既可以伟大也可以平凡，既可以辉煌也可以朴素，只要你不抱怨，你就能拥有幸福。

世间有许多滋润心灵的美好事物，春风、细雨、皎洁的月光、灿烂的星辉、意志，还有梦想，只要你能用欣赏的眼光来感受，你就能体会到幸福。不要老是想着压力和烦恼，不要总对自己的生活怨声载道！利与弊、成与败，都只是一种暂时的状态，明白了这一点，抱怨就会少一些，幸福就会多一些。

生活中，经常有人发出这样的感叹："为什么我没有别人幸运？"他们经常被一些绵绵如丝、密密似雨的忧愁和烦恼包裹着，抱怨也与他们结下了"不解之缘"，给他们带来了无穷无尽的痛苦。其实，人在生活中，需要遵循坦荡洒脱和宠辱不惊的为人准则，需要时刻保持一颗平常心，这样才能乐观地面对一切，才能有豁达大度的胸怀和从容

不迫的心态，才能与幸福"结缘"。

每个人在人生中，不可能总是"万事如意"、"心想事成"，而是时常与"事与愿违"、"逆水行舟"相伴。在经历不同的磨难和际遇时，能真正做到不抱怨、不叹气的人为数不多，但只要能做到这一点，幸福就是注定的。

有个人刚买了一瓶好酒，拿在手里骑上自行车往回走。不料侧面来了一辆汽车，他急忙躲闪，酒瓶从手中掉了下去，摔了个粉碎。

这个人没有朝破碎的瓶子看一眼，也没有追着汽车理论，而且调转身子又去商店买了一瓶酒。商店老板不解地问他："这么贵的酒打了，你还险些被车撞伤，你就这样忍了，你不生气吗？"

这个人微微一笑，说："有这个必要吗？再怎么生气，酒不还是摔碎了吗？即使我追上去评理，又能怎么样呢？与人口角争论，除了徒增烦恼之外，还能带来什么呢？与其那样，还不如不生气，再买一瓶，让自己少一些不愉快。为什么要让无可挽回的东西再给自己增添烦恼呢？自己化解了这些麻烦，拥有了平和快乐的心情，酒可就不值一提了。"

这个人的想法包含了一种了不起的智慧。生活中，能做到这一点的人并不多。他在不抱怨的同时马上做出了另一个决定——再买一瓶好酒。以这种积极的态度对待人生，何尝不是一种洒脱呢？

生活中，有多少人为不可挽回的失去而烦恼？如果这些烦恼、得失能改变既定事实，抱怨也许不失为一种高明的做法。然而，当这一切都于事无补时，与其生气、抱怨，多一些烦恼，不如马上将它们忘掉，想办法弥补损失，想办法解决问题。

几乎所有人都会在生活中遇到或大或小的"不幸"，然而更不幸的是，很少有人知道该怎样做才能顺利克服这些生活中的"不幸"。一些人不知道如何克服"不幸"，也不知道如何打发自己的苦闷心情，以为抱怨能解决问题。实际上，偶尔的抱怨和悲观是很正常的，但如果抱怨不停，悲观心情不变，这将影响一个人日后的生活和心态，抱怨、悲观将会成为一种习惯。

因此，人要克服爱抱怨的消极心态，这就须注意以下三个方面：

1. 要认识到不幸和困境是生活的常态，但它们不会永远存在。

有些人把短暂的不幸或一段时间的困境看作是永远挥之不去的阴霾，这是在时间上把不幸、困境无限延长，从而使自己束缚于消极的心态不能自拔。要认识到不幸、困境不会长存，从而摆脱爱抱怨、总悲观的坏习惯。

2. 要认识到困难不是无所不在的。

有些人因为某方面的失败，从而相信在其他方面也会失败。这是在空间方面把困难无限扩大，从而使自己笼罩在失败的阴影里看不到光明。要认识到困难不会长存，从而远离抱怨。

3. 不要有"问题在我"的心理。

有些人认为自己能力不足，一味地打击自己，使自己无法振作。这里的"问题在我"，不是勇于承担责任的代名词，而是在能力方面一

味地贬损自己，削弱自己的斗志。所以，"问题在我"的心理不要有。

德国人爱说的一句话是："即使世界明天毁灭，我也要在今天种下我的葡萄树。"所以，我们要学会不抱怨生活，不管境遇如何，都始终保持乐观的心态。抱怨少一些，幸福就多一些。如果你能一直追求幸福的人生，从不抱怨，那你天天都会感受到幸福的乐趣。

乐观启动幸福生活的"开关"

我们可能会为不如意叹息，一两次的叹息是人之常情，但次数多了，频率高了，幸福指数就要大打折扣了。叹着叹着，幸福、快乐、美好就会离自己越来越远，人也就变得悲观了。内心感受不了美好的人会整日郁郁寡欢，如此状态，还如何求得身体的健康，更不要说内心的幸福了。乐观的生活态度是启动幸福生活的"开关"。

悲观会把人置于郁闷的境地，会让人失去前进的方向和勇气。朗费罗说过："不要老叹息过去，要明智地改善现在，要以不忧不惧的坚决意志投入到扑朔迷离的未来中，乐观的生活态度才是幸福的源泉。"是的，乐观的人不仅自己愉快，周围的人也会受到感染，时时感觉到生活的幸福。

有一位态度悲观的朋友，他身上总有一股挥之不去的忧郁，他对生活的态度使他原本年轻的生命没有了亮色，幸福愉快与他无缘，而且他的悲观情绪还常常让别人不舒服。与人聊天时，他总是能从一句话中想到过去、现在、未来，时不时叹息一声。每次不管别人说好事

还是坏事，他都会以不断地叹息给予回应。比如当别人告知他某人婚姻美满，他便会说："唉！他命好啊，想想自己真是后悔当初啊！"好像自己受尽了委屈，其实他也有个很不错的爱人；比如大家正在说某同事刚升迁，他会立马伤心起来，感觉时光荏苒，青春流逝，过去难以追忆，紧接着又会想到几十年过去了，自己依旧一事无成，感叹起这流逝的大好时光，接着自然而然地就对未来产生了迷茫，不知道自己下一步该怎么走。总之，无论你跟他说什么，他都能联系到自身，悲伤起来；他总看不到自己的好，总想到一些悲惨的事情。

一开始大家还安慰他两句，时间长了，很多人因为与他谈话被他的悲观主义影响了本来的大好心情，便不怎么愿意跟他来往了。而他内心的压抑就这样更多更重起来，叹息也成了家常便饭，内心的郁结越积越深。

他因为悲观，后来患上抑郁症，各种疾病也紧随而来，病一多，他的叹息更多起来。虽然他的生命里有很多很美好的事情值得他去回忆，值得他去珍惜，值得他去努力为之奋斗，可是他就是看不到光明，自然更没有幸福可言。

看到了吧，这就是悲观的马太效应。悲观是幸福的大敌，悲观大多数时候更像是对不如意的具体化，让人内心的郁闷更深。不把自己轻易看成悲剧人物，这样的悲剧也就无从上演。事情该发生的已经发生，该来的已经到来，你的叹息换不来任何改变，不如看开点，想开点，将其当成生活的调味剂，用平常心去对待。尤其是当不快或痛苦来临时，多想一些开心的事情，转移自己的注意力，或想方设法去找解决办法就行了。

少为自己的不如意叹息，更不要叹息他人的不如意。当你心情不好，感到忧郁时，出去走走，或者做自己喜欢做的事情，是医治心情不快的良药；你可以哭泣，也可以悔恨，但不可以停留在这些情绪里难以自拔，把郁闷说出来比你独自叹息要强一百倍，叹息、哭泣、悔恨换不来任何奇迹；而懂得反省，及时醒悟，改变现状，比什么都重要，这才是乐观者的明智。

在人生的旅途中，不如意并不可怕，因为，悲观的情绪每个人都会有。我们只要善于做到"随手关门"，把烦恼和悲观的情绪及时地抛给过去，不"负重"，就能轻松地走出悲观失望的"灰色地带"，笑对人生，洒脱地走向幸福快乐的明天。

两个人结伴穿越沙漠。走到半途，水喝完了，其中一人也因中暑而不能行动。同伴把一支枪递给他再三嘱咐："枪里有几颗子弹，我去找水。我走后你每隔两小时就对空中鸣放一枪，枪声会指引我前来与你会合。"说完，同伴满怀信心地找水去了。躺在沙漠里的中暑者却满腹怀疑，愈加悲观起来：同伴能找到水吗？他能听到枪声吗？他会不会丢下自己这个"包袱"独自离去？暮色降临的时候，枪里只剩下一颗子弹，而同伴还没有回来。中暑者确信同伴早已离去，自己只能等待死亡。想象中，沙漠里的秃鹰飞来，狠狠地啄瞎他的眼睛，啄食他的身体……终于，中暑者彻底崩溃了，把最后一颗子弹送进了自己的

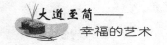

太阳穴。枪声响过不久，同伴提着满壶清水，领着一队骆驼商旅赶来，找到的却只有中暑者温热的尸体。

这是个多么发人深省的故事啊。那位中暑者不是被沙漠的恶劣气候击败，而是被自己的悲观心态毁灭。面对友情，他用猜疑代替了信任；身处困境，他用绝望驱散了希望。所以，很多时候，打败自己的不是外部环境，而是自己恶劣的心情。

人非圣贤，孰能无虑？我们身边都横着一条"多恼河"。烦恼和焦虑时时提醒我们生活中的各种不快、紧张和压力，然而，每个人对待烦恼的态度不同，烦恼对人的影响也不同，人们通常所说的乐天派与多愁善感型就有明显的区别。乐天派的人一般很少自寻烦恼，而且善于淡化烦恼，所以活得轻松，活得潇洒；而多愁善感型的人往往喜欢自寻烦恼，一旦有了烦恼，便忧愁万千，牵肠挂肚，离不开，扔不掉，痛苦万分。

人最大的快乐，莫过于有个好心情。心情好不仅会使人朝气蓬勃，对生活充满激情，做事效率也高。反之，则会使人感到泰山压顶、愁云密布，引发惰性。

人们常说，"忧者见事而忧，喜者见事而喜"；"你微笑，世界也微笑；你犯愁，世界也犯愁"；" 一份好的心情，胜过十剂良药"。所以，积极乐观地去面对人生吧！

经营简单的人生，幸福不请自来

人生在世，不如意事十之八九，怎么能让自己幸福呢？幸福是一种很美很简单的情致和意境，它无处不在，却又很难把握在人手中。

一滴水怎样才能不干涸？把它放到江、河、湖、海里去。幸福也是如此，只有内心的平静和满足才能为幸福提供最肥沃的土壤。

当我们在喧闹的灯红酒绿中时，一定要保持心的平静；当我们在为功名利禄忙碌时，一定要停下来看看自己是否拥有一份简单的好心态。有的人，别人看他很幸福，可他自己觉得不幸福；有的人，别人看他离幸福很远，他却认为自己很幸福。原因何在？幸福"钟情"于能感受到幸福的人。

几个弟子随智禅大师修行。有一天，为了"大悟"一意，他们争得面红耳赤。于是，他们一起来到智禅大师面前，问道："这世间，何谓'大悟'呢？"智禅大师听了微笑着说："大悟自在心静中。"

几个弟子有些迷惑。于是，智禅大师带着他们来到后山的李子林里。枝头上的李子大都熟透了，紫里透红的浆果散发出一缕缕诱人的

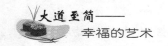

芳香。智禅大师吩咐两个弟子从树上采摘了一竹篓李子。而后，他让在场的每一位弟子品尝，李子的汁液像蜜汁一样甘甜。吃完之后，智禅大师带着弟子们走到一个小小的水潭前。他俯身掬起一捧潭水喝了起来，然后，让弟子们学他。弟子们纷纷仿效师傅的样子，喝了几口潭水后，便咂吧咂吧嘴。智禅大师问道："小潭的水质如何呢？"弟子们又用舌头舔了舔嘴唇，回答说："小潭里的水比我们舍近求远担来的水甜多了。往后，我们可以到这小潭来担水吃呀！"听到这些回答，智禅大师便让一个弟子提了一木桶潭水。然后，他们回到寺院。

午膳之后，智禅大师让每一个弟子都重新品尝一下从后山小潭打回来的水。弟子们尝过之后，大都将水从嘴里吐了出来，一个个皱起了眉头。这水很涩，而且满是一股腐草味儿。智禅大师解释道："为什么同一个小潭里的水，却有两种不同的滋味呢？因为你们先前品尝的时候，都吃过李子，口里留有李子的余汁，所以就把这水的涩味给掩盖了。"

众弟子们都认同地点了点头。智禅大师看了看面前的弟子，意味深长地说："世上的事情，即使你我亲自体验过，也未必触及它们的本质。有些事情常常会被一时的繁华假象所掩盖，所以我们必须抛却那些虚荣和繁华，保持一颗平静的心。这才是所谓的'大悟'。"

平常心是一种在平淡的生活中积极向上的处世态度，蕴含着简单却又深刻的哲理。这种不被名利玷污的平常不是消极，更不是以平常为借口而陷入不思进取的"陷阱"，相反，它能更好地激发人内心积极向上的力量，让人充满乐观，排除杂念，迎接挑战，更好地追求幸福。

当年23岁的林海峰在围棋名人挑战赛中挑战坂田荣男，首局败北后，内心大受打击，甚至失去了自信。他当时想追求"平淡"的生活而退出江湖，为此去找老师吴清源请教。吴清源说："你现在最需要的是有一颗平常心。你已经非常幸运了，23岁就挑战名人，这已经是很多人梦寐以求也达不到的成就，你还有什么放不开的呢?"言毕，吴清源题写了一幅"平常心"的字送给他。林海峰由此大悟，调整心态后，随后连胜三局，坂田扳回一局后，林海峰再胜一局，挑战成功，成为历史上最年轻的名人挑战赛的冠军。

后来，林海峰说："从此以后，我再也没有为输棋而难过了，只要以一颗平常心面对，任何挑战我都无所谓，我也不会再因此而害怕担心，只要尽力而为，就无怨无悔。"

林海峰最爱说的话是"无我"，简单的两字是宠辱不惊的平淡心境的最好表达，深意也尽在其中。

人会有强烈的愤怒感、炽热的大喜大悲、剧烈的痛苦感、狂热的情感……这些都是不能持久的，简单、平淡才是生命留给这个世界最美丽的形式。一口古井，幽深、澄澈得可以一眼望到底，但这口古井却在历经了时间的考验后，有着深刻而宁静致远的内涵。做人也应像古井一样，历经了时间、世事的考验，内心回归平静，这样才能体验到幸福，才能有轻松自由地欣赏生活的心态，才能有细心体味生活的

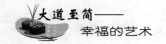

情趣，才能有笑口常开的情怀……一个人有至真至纯的灵魂，才能过简单而平淡的生活，追求并享受难得的幸福。

经营简单的人生，幸福就会不请自来。幸福就好像白开水，只要你善于经营，平淡的人生也会精彩，白开水中也会带有些许的甜。

第二章

换个角度
看幸福生活

保持乐观心态，生活一路阳光

乐观的心态会令人快乐。保持乐观的心态说起来容易，做起来却很难。

生活中有各种各样的不愉快，烦恼也罢，失望也罢，不平衡也罢，几乎所有的"刺激源"都来自外界，所以每当遇到不开心的事，人总是习惯于从外界找原因，很少冷静下来从自身找原因。有人可能会说："心情不好，不是我的错，而是受到客观事物的影响。如上班乘公交车，拥挤，引起不满；单位领导行事不公，想提意见又怕被报复，所以不愉快等。"总之，心情不好都是因为他人行为、外部环境所致。其实大多数情况下，问题就出在自己这样想的心态上。我们每个人都不会跟自己"过不去"，但实际上却常常事与愿违，人的许多坏心情恰恰是自己造成的。

开启幸福之门的钥匙，其实就在我们自己手中。一个人保持乐观的心态，就能找到这把开启幸福之门的钥匙。所以不开心的时候也要制造快乐，笑容不一定能使世界和平，却可放松人紧绷的情绪；笑容

不一定能解决问题，可是能鼓舞自己，使自己从内心汲取力量，以神清气爽的姿态重新踏上生活的竞技场。生活中所谓的难题其实没什么大不了，人只要保持乐观的心态，生活就能一路阳光。

伊笛丝·阿雷德太太从小就很胖，因此她特别敏感，而且很腼腆，她为此深感苦恼，很不快乐。小的时候，伊笛丝从来不和其他的孩子一起做室外活动，甚至不上体育课。她非常害羞，觉得自己和其他的孩子都"不一样"，完全不讨人喜欢。虽然她尽最大的努力减肥，可是收效甚微，她的心情也因此大受影响。

长大之后，伊笛丝嫁给了一个很有修养的男人。别人以为她应该很幸福了，可是她的心态并没有改变，她依然感受不到幸福的存在。她丈夫一家人都很阳光，也充满了自信。伊笛丝尽最大的努力去像他们一样充满信心地乐观生活，可是她做不到。家人们为了使伊笛丝开朗起来而做的每一件事情，都只是令她更觉得自己是个失败者，觉得自己不配有幸福的追求，她总是退缩到她的"壳"里去，羞于见人。伊笛丝变得紧张不安，常常躲开所有的家人和朋友暗自伤心。

后来发生了一件事，一句随口说出的话彻底改变了伊笛丝的幸福观，让她受益终生。

有一天，伊笛丝的婆婆和她谈怎么教育她的几个孩子，婆婆说："不管事情怎么样，我总会要求他们保持本色。""保持本色！"就是这句话！在刹那之间，伊笛丝发现自己之所以那么苦恼，就是因为她一直在让自己去适应一个并不适合自己的模式。

伊笛丝后来说："在一夜之间我整个改变了，我开始保持本色。我试着研究自己的个性、自己的优点，尽自己所能去学色彩和服饰知识，尽量以适合自己的方式去穿衣服。为了主动地去交朋友，我参加了一个社团组织——起先是一个很小的社团——他们让我参加活动，我吓坏了。可是我每发一次言，就会增加一点勇气。我不再对自己的身体状况胡思乱想。今天我所有的快乐，是我从来没有想过可能得到的。我终于认识到，人的许多生理疾病都是由不健康的心理造成的，所以拥有良好的心态是身体安康的先决条件。"

拥有乐观心态的最好的方法是做充实而有意义的事。一个人在闲着的时候往往会胡思乱想，烦恼就会像野草一样疯长。所以即使面临厄运和纷争，也要保持乐观的心态。你可以认真分析一下自己：自我期望值是不是过高？希望是不是不切实际？自己所了解的信息是不是足够全面、准确？是否与人缺少必要的沟通？有了问题并不可怕，一个人只要用乐观的心态勇敢地面对和解决问题，就是生活的强者。

"二战"期间，罗勃·摩尔在一艘美国潜艇上担任瞭望员。一天清晨，潜艇在印度洋水下潜行时，他通过潜望镜看到一支由一艘驱逐舰、一艘运油船和一艘水雷船组成的日本舰队正向自己的潜艇逼近。潜艇对准走在最后的水雷船准备发起攻击，水雷船却已掉过头，朝潜艇直冲过来。原来，空中的一架日机测到了潜艇的位置，并通知了水雷船。美国潜艇只好紧急下潜，以躲开水雷船的炸弹。

三分钟后，六颗深水炸弹几乎同时在潜艇四周炸开，潜艇被逼到

水下 83 米深处。摩尔知道，只要有一颗炸弹在潜艇五米范围内爆炸，就会把潜艇炸出个大洞来。

潜艇以不变应万变，关掉了所有的电力和动力系统，全体官兵静静地躺在床铺上。当时，摩尔害怕极了，连呼吸都觉得困难。他不断地问自己："难道今天就是我的死期?"尽管潜艇里的冷气和电扇都关掉了，艇内温度高达 36℃以上，摩尔仍然冷汗涔涔，披上大衣牙齿照样碰得"咯咯"响。

日军水雷船连续轰炸了 15 个小时，摩尔觉得比过了 15 万年还漫长。寂静中，过去生活中无论是不幸运的倒霉事，还是荒谬的烦恼都在他的眼前重现：摩尔加入海军前是税务局的小职员，那时，他总为工作又累又乏味而烦恼；他总是抱怨报酬太少，为升迁无指望而烦恼；晚上下班回家，因一些琐事总与妻子争吵。这些烦恼事过去对摩尔来说似乎都是天大的事，而今置身这坟墓般的潜艇中，面临着死亡的威胁，摩尔深深感受到，当初的一切烦恼都显得那么的荒谬。他对自己发誓：只要能活着看到日月星辰，他从此将再不烦恼。

日舰扔完所有炸弹终于开走了，潜艇重新浮上水面。战后，摩尔回国重新参加工作，从此他更加热爱生命，并懂得了如何去幸福地生活。他说："在那可怕的 15 个小时内，我深深体验到，对于生命来说，世界上的任何烦恼和忧愁都是那么的微不足道。"

乐观的人热爱生命，他们把目前的困难解释成暂时性的特定事件，他们总能看到前方灿烂的天空，怀抱着对幸福的期望；相反，悲观的人则认为他们一辈子也逃不掉不幸和苦难，他们的"倒霉事"是一桩接一桩。为什么呢？因为悲观不会使境况有所改善，而乐观的态度则会使幸福之船驶向彼岸。

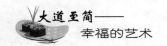

幸福由己造，悲喜由心生

幸福由己造，悲喜由心生，苦乐全凭自己的感觉，和客观环境并不一定有直接关系。有些人安于某种生活，有些人却不能。我们无法断言哪种生活才是真正的幸福，也无法断言当一个人达到了某种目标之后会不会幸福、快乐，但有一点是确定的：一个人的心态的好坏，决定他的幸福的质量。

"宠辱不惊，看庭前花开花落；去留无意，望天空云卷云舒。"这是一种平和的心态。心态仿佛用于演奏人生乐章的弦琴，弦无论是过于松弛还是过于紧张，都会变调。人只有不失时机地对弦进行适度及时的调整，弦音才会准确，琴才能奏出和谐优美的乐章。

悲喜其实是由心中来的，只要我们能够随着环境的改变和事物的发展，不断地调整自己的心态，适应世界的变化，我们就能够做到不再怨天尤人，而是以一种积极的心态处世，用慧眼去发现这个世界的精彩之处。人只有用慧心去洞悉世事的丝毫变化，充分发挥自己的才干和潜能，才能把每一件事都做到完美。

有这么一句话："雁渡寒潭，雁过而潭不留影。"万事万物，不论是长是短是苦是乐，到头来都是一场空。这话虽然有点悲观，却是客观存在。所以，尽管你不喜欢一个事物，但既然不能避免，那就去改变它。如果没能改变的话，那就放下一切"包袱"，积极、坦然地面对，只有这样人才能活得幸福愉快。

有一位大三的学生，他突然觉得自己好像生病了，就翻看了一本医学手册，看看该如何治自己的病。当他读完介绍癌症的内容时，他才明白，自己患癌症已经几个月了。他被吓住了，呆呆地坐了好几分钟。后来，他想知道自己还患有哪些病，就从头到尾读完了整本医学手册。这下全清楚了，除了膝盖积水症外，自己无一幸免！他去阅览室时，觉得自己是个平常的人，而当他走出阅览室时，却被自己建造的"心理牢笼"所囚禁，完全变成了一个重病缠身的"老头"。

他决心去找医生，一见到医生，他就说："亲爱的医生！我不给你讲我有哪些病，只给你讲我没得什么病吧。我命不久矣！我唯一没有得的病是膝盖积水症。"医生给他作了全身诊断，然后坐在桌边，在纸上写了几句话递给了他。他没有看就把纸塞进口袋，急着去买药。赶到药店，他匆忙把那张纸递给药剂师，药剂师看完后，退给他说："这是药店，不是零食店，也不是餐馆！"

他很诧异地望了药剂师一眼，随后认真地看了下那张纸，原来上面写的并不是药方，而是：煎牛排一份，啤酒一瓶，六小时一次。十公里慢跑，每天早上一次。他全部照做了，一直健康地活着。

这位年轻人幸好"治疗"及时，否则一定会被自己建造的"心理牢笼"所囚禁，最后非真得病不可。

我们的"心量"要能大能小，对很多事物要看得开，大事情看小，小事情看大，得意时不过分高兴，失意时也不过度悲伤。

一个人问老师："同样一颗心，为什么心量有大小的分别？"老师未直接作答，而是告诉这人道："请你将眼睛闭起来，默造一座城垣。"这人闭目冥思，心中构想了一座城垣，然后说："城垣造毕。"老师说："请你再闭眼默造一根毫毛。"这人又在心中造了一根毫毛，说："毫毛造毕。"老师："当你造城垣时，是否只用你一个人的心去造？还是借用别人的心共同去造呢？"这人："只用我一个人的心去造。"老师："当你造毫毛时，是否用你全部的心去造？还是只用了一部分的心去造？"这人："用全部的心去造。"老师说道："你造一座大的城垣，只用一颗心；造一根小的毫毛，还是用一颗心，可见你的心量能大能小啊！"

面对一元钱，悲观的人说："完了，只剩一元钱了！"乐观的人说："太好了！还有一元钱！"面对严厉的校长，悲观的人说："碰上这样的校长，我们能快乐吗？"乐观的人说："校长的严格要求督促我改正了许多缺点，我很感激他！"

身处同样的环境，有的人可以活得多姿多彩，有的人却活得黯淡凄凉，因为他们对待生活的态度截然不同。快乐没有别的原因，归根结底是心境造成的。

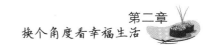

　　生活中不如意的事情有些必须去面对，甚至必须去处理，我们应当抱着随遇而安的态度，事情来了就尽心去对待，事情过去后，心要立刻恢复到原来的平静，这样才能保持自己的真性，享受纯然的幸福。

再小·的幸福也是"幸福"

很多人把人生划分为不是成功就是失败，幸福也是一样，以为只有大的幸福才是幸福，小的幸福就不是幸福了。

幸福首先应该是精神上的享受，即使很小、很简单，也可以给内心带来快乐，比如当你放下一切心事去享受一朵花的芳香、一杯茶的甘甜；比如冬日夜晚在街头排档吃一碗热气腾腾的牛肉面；比如和久别的亲人重逢时的激动……这些往往与物质的多少没有关系，虽然在有些人看来微不足道，但置身其中的人能体会到：这样的幸福也是"幸福"。所以，幸福感的多少是由一个人的人生态度决定的。

有位医生素以医术高明享誉医务界，事业蒸蒸日上。不幸的是，一天，他被诊断出患有癌症。这对他来说不啻于当头一棒，他一度情绪低落。可最终他不但接受了这个事实，而且他的心态也有所改变，变得更宽容、更谦和、更懂得珍惜所拥有的一切。在勤奋工作之余，他从没有放弃与病魔搏斗。有人惊讶于他生命的顽强，问是什么神奇的力量在支撑着他。这位医生笑答道："我不断地向前看，我看到了很多未尽的工作。几乎每天早晨，我都给自己一个希望，希望我能多救治一个病人，希望我的笑容能温暖每个人。"

这位医生不但医术高明，做人的境界也很高。对于他来说，救死扶伤也是"幸福"。就是凭着这样的勇气和乐观的心态，他得到了上天的"眷顾"——他每天都内心充实而幸福地生活在这个世界上，连"死神"也对他望而却步。

所以说目标不同、渴求不同，每个人的幸福感也就不同。当你得到自己渴求的东西时，再小的幸福你也会认为是"幸福"。因此，不管收获了多少，只要内心认定幸福，你就会感觉自己幸福满满。

除夕那天晚上，一家人围着桌子吃年夜饭。"谈谈你们的新年新愿望吧，"父亲笑着对三个孩子说，"看看谁的最好。""我的愿望是今后能考上最好的重点大学！"刚上高中的大儿子说。"我的愿望是样样考第一！"读初中三年级的二儿子说。"我没有愿望。"小女儿平静地说道。大家顿时都瞪大了眼睛。小女儿接着说道："我只知道要存钱买一套故事书，现在我已买了其中几本了。"父亲立马高兴地笑了起来，说道："你这个愿望也非常好啊。两个哥哥都还只是想着呢，可我们的小女儿已经开始做她的事情了。女儿，把你买下的故事书都拿出来看看吧。"小女儿很高兴地点点头，从自己的房间里抱出来一摞故事书。

这个故事其实告诉我们，幸福的目标不必太大，太大往往会让你无从下手，不知道怎么做。当确立了合适的幸福目标，你的行动就会

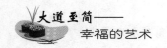

变得更加有计划、有动力。

一群年轻人到处寻找快乐，却遇到了许多烦恼、忧愁和痛苦。他们向老师苏格拉底询问，快乐到底在哪里？苏格拉底说："你们还是先帮我造一条船吧！"这群年轻人于是暂时把寻找快乐的事放到一边，找来造船的工具，锯倒了一棵又高又大的树，挖空树心，用了七七四十九天造成了一条独木船。独木船下了水，年轻人把老师请上船，一边合力荡桨，一边齐声唱起歌来。

苏格拉底问道："孩子们，你们快乐吗?"学生们齐声回答："快乐极了！"苏格拉底说道："快乐就是这样，它往往在你为着一个明确的目标忙得无暇顾及其他的时候突然来到。"

生活中，如果你可以体会到再小的幸福也是"幸福"这样的感觉，那你就会觉得非常快乐满足了。

也许你不能改变一件已经变糟的事情，但是你可以改变你对这件事情的看法和它对你的影响，你可以选择你的心情。一个人只有体验了人世百态，体验了悲欢离合，体验了得到与失去后方能明白，再小的幸福也是"幸福"。

幸福其实很简单

俄国作家索洛古勒去看望列夫·托尔斯泰时说："您真幸福，您所爱的一切都有了。"托尔斯泰却说："不，我并不拥有我所爱的一切，只是我所有的一切都是我所爱的。"

是的，人们都渴望"有我所爱"，却不知，"爱我所有"才是最大的幸福。

强强和爸爸坐在公园的大树下喂鸽子。凉风从树梢间穿过，树影婆娑，虽然是夏日的午后，却感到十分凉爽。爸爸对强强说："如果能像树那么悠闲，整天让凉风吹拂，也是很好的事呀！"强强说："爸爸，你错了，树其实是非常忙碌的。""怎么说？"爸爸惊奇地问道。强强说："树的根要深入地里，吸收水分；树的叶子要和阳光进行光合作用，整棵树都要不断地吸入二氧化碳，吐出氧气。树多忙！"停了一会儿，强强接着说："你看，现在地上的鸽子悠闲地踱步，可当我把玉米撒在地上的时候，悠闲的鸽子就忙碌起来了。"爸爸说："对啊！反过来想，如果我们有悠闲的心，那么所有

忙碌的事情都可以用悠闲的态度来完成了。"

是的，生活中不管是悠闲还是忙碌，只要守住本心，平心静气地去做一些事情，就是幸福。

一个失业者流浪街头，灰心丧气，觉得自己一无是处，忽然看见一个人微笑着向他打招呼。这个人双足残废，只能用手臂撑着拐杖，辛苦地走过街道。失业者突然醒悟，回家写下座右铭："假使我因为没有鞋子而抱怨，那么，没有脚的人怎么办呢?"这是多么深刻的顿悟！

一个遭遇海难在太平洋上漂流21天才获救的人说："只要有清水解渴，有面包充饥，我这一生就不应该有任何抱怨了。"这是多么简单的人生需求！

其实，我们只要坚守本心，简单地生活，一样可以享受到生活的快乐，只是我们平时很少这样感同身受地去思考。不抱怨、不忧伤，这样简单的人现实中似乎太少，更多的人因为奢望太多而不能够简单生活，从而让自己不幸福也不快乐。

有一个小和尚非常苦恼，因为师兄弟们老是说他的闲话。无处不在的闲话让他无所适从。念经的时候，他的心不在经上，而是在那些闲话上。他跑去向师父告状："师父，他们老说我的闲话。"师父双目微闭，轻轻说了一句："是你自己老说闲话。""他们瞎操闲心。""不是他们瞎操闲心，是你自己瞎操闲心。""他们多管闲事。""不是他们多管闲事，是你自己多管闲事。""师父为什么这么说？我管的都是自己的事啊。""操闲心、说闲话、管闲事，那是他们的事，就让他们做去，与你何干？你不好好念经，老想着他们操闲心，不是你在操闲心吗？老说他们说闲话，不是你在说闲话吗？老管他们说闲话的事，不是你在管闲事吗……"话未说完，小和尚茅塞顿开。

幸福其实很简单，但更深层次的意义是人要学会自我调整，坚守自己的信念，给自己营造一个清静忘我的世界，这样才不会因为别人的闲言碎语而左右摇摆，以致影响了自己的好心情。

森林里山洪过后，激流开始变窄，最后，水全部退去，光洁的石头在陡峭的山坡上显露出来。大石头占据特殊的地势，从那儿可以饱览森林的美景。在这长满青草、开遍鲜花、充满芳香、恬静而又美丽的地方，照理说，它应当感到非常幸运。可是有一天，它望着山坡下面的石子路，发现人们在铺鹅卵石，突然，它产生了一个冲动：要到下面的道路上去。

它对自己说："我在这上面和青草混在一起干什么？我应当到石子路上去和兄弟姐妹们生活在一起。我觉得，这样做是最正确的。"冲动之下，它开始努力向下滚动。真巧，它一直滚到路中间才停下来，四周全是和它类似的曾经吸引着它的鹅卵石。"好极了，我就待在这儿！"

这条道路十分繁忙。铁轱辘大车从它的身上轧过；奔驰的骏马震撼着大地，强有力的马蹄铁践踏着它；穿着铁钉靴子的农民和成群的牲畜也都经常光顾它。没多长时间，这块美丽的石头就遇到了许多麻

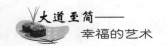

烦：有人打击它，有人践踏它，有人敲去它的一角。在灰尘、泥土和牲口粪便的下面，它几乎都认不出自己的本来面目了！被玷污的石头开始向上看，它痛苦地望着它离开的地方。那里是多么绿，多么洁净，多么芳香和美丽啊！石头为它失去的"天堂"叹气，痛哭流涕，但是，一切都是枉然。"啊，回不到山坡上去了！我永远不会再有那种安宁的日子了！对我来说，幸福不存在了……"

大石头原本是幸福的，它后来的痛苦完全是自讨苦吃的结果！这和我们生活中的很多人相似，他们追求幸福，却不知道幸福原本就在他们身边，他们抛弃身边的一切而去他处寻找，到头来反而错失了原本的幸福。

不要对自己太苛刻，不要妄想所有的事情都完美无缺。适当放低一下标准，放松一下自己的心情，你就会发现，幸福其实很简单。

很多人总是喜欢陶醉在花红柳绿的春天里，沉迷于笙箫歌舞的场所中，其实，这些只是生活的一方面，名利富贵终为身外之物，一朝失去，便如过眼云烟。人生在世，不过百岁光阴，如果未能真正享受到人生的乐趣，纵使长命百岁，也体会不到幸福。所以，即使在叶落草枯的秋日里，即使在偏僻乏味的环境中，我们也应该去努力寻找，去发现简单而平常的幸福，这才是人生的真趣。

平常心中藏幸福

幸福不仅仅是对某种需要的满足，还是对某种需要的理解。从这个意义上说，宁静的心中藏着幸福，这种朴实的幸福是无法用言语来表达的。

保持平常心本来是很简单的一件事情，却很难做到。很多人认为风风火火地闯世界、为功名打拼才是幸福，而生活如果是平淡的、朴实的，就没有幸福可言。这些人忽略了自己不仅需要物质上的享受，还需要心灵和精神上的交流与共鸣。

古人说："君子之交，其淡如水。执象而求，咫尺千里。问余何适，廓尔忘言？华枝春满，天心月圆。"这就是平常心的境界。用平常心交往，君子之间的交往好比水一样纯净，不带杂质。即使交往淡淡，话语浅浅，内心感受到的纯净和幸福也是非常多的。平淡中有真味，这是真滋味；平淡中有真趣，此乃真趣味。平淡中见真性情，会散发出来一种泰然自若的幸福感。

平常心之美，实在难以言明。平常心好比陶渊明在诗中所云：

"此中有真意，欲辨已忘言。"人们眼睛可以看到的视野、手臂能够触及的高度都是有限的，唯有心能到达无限高处。我们不能增加生命的长度，但能增加它的高度与宽度。而"非淡泊无以明志，非宁静无以致远"的人生真理，真真切切地藏在平常心之中。

明云禅师曾在终南山中修行达 30 年之久，他平静淡泊，兴趣高雅，不但喜欢参禅悟道，而且喜爱花草树木，尤其喜爱兰花。寺中前庭后院栽满了各种各样的兰花，这些兰花来自全国各地，全是明云禅师年复一年地积聚所得。他茶余饭后、讲经说法之余，都忘不了去看一看他那心爱的兰花。大家都说，兰花就是明云禅师的"命根子"。

一天，明云禅师有事要下山去，临行前嘱托一名弟子照看他的兰花。这名弟子乐得其事，一盆一盆地认认真真浇水。等到最后轮到那盆兰花中的珍品——君子兰时，他更加小心翼翼，这可是师父的最爱啊！可越是小心，手就越不听使唤，水壶滑下来砸在了花盆上，连花盆架也碰倒了，整盆兰花都摔在了地上。这下可把弟子吓坏了，愣在那里不知该怎么办才好。师父回来看到这番景象，肯定会大发雷霆！他越想越害怕。

下午，明云禅师回来了，他知道了这件事非但一点也不生气，反而平心静气地安慰弟子道："我之所以栽种兰花，为的是修身养性，同时也是为了美化寺院环境，并不是为了生气才种的啊！世间之事一切都是无常的，不要执着于心爱的事物而难以割舍，那不是修禅者的秉性！"弟子听了师父的一番话，对师父的心境敬佩不已。

这个故事告诉我们，世间之事变化不定，无论什么事，时时刻刻都可能会发生变幻莫测的结果。它们的变幻莫测是我们不能阻挡的，我们所能够做的就是放宽心胸，保持平常心，不以物喜，不以己悲，这样生活才会轻松快乐。即使我们的人生有跌宕起伏，但用平常心品味，更能体会到"苦尽甘来"的幸福。有了"先吃苦"、"后享乐"的平常心，就会减少生活中的"苦"，更多地品尝到内心中的"甜"。

别再说自己的生活太平凡，没有惊天动地的幸福了。其实，只有拥有平常心才能品出生活中更多的幸福：用舒缓的心情静静欣赏蓝天中飘忽的白云，闻一闻花香的味道，和亲密的家人分享生活的喜怒哀乐，迎接充满乐趣的工作……幸福其实就在我们的身边。美好的生活其实唾手可得，只要你用平常心去感受，不管事情是好是坏，你总能体味出内含的点点滴滴的幸福。你只要唱自己的歌，你只要画自己的画，你只要做一个由你的经验和你的家庭环境所塑造的平常的你就足够了。不论好坏，你都可以自己打造出自己的缤纷的"小花园"；不论好坏，你都可以在生命的交响乐中演奏你自己的"小乐器"！这都是平常的快乐！

谁不希望顺利而愉快地幸福生活呢？但是，人的一生中会发生许多事情，而且常常不是我们所能预料的，有些事我们不能选择，那我们就应该用平常心淡然处之。人生有得意，也有失意；有欢乐，也有痛苦；有相聚，也有分离。有些事情并不是我们都可以承担得起来的，但是，只要我们保持平常心尽力去做了、努力了，我们就可以说

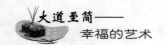

是问心无愧。不管是成是败，都将心放宽、将事看淡，我们得到的就会是一种快乐、一种幸福。

有的人大红大紫，有的人大起大落，有的人历经坎坷，有的人平淡一生。每个人都有自己的理想，每个人都希望有所成就，但是事物的发展常常没有定律，追求虚幻的理想常常落空，平常心往往才是人生的最大幸福所在。

幸福不是短期行为

　　塞利格曼教授说，幸福不是短期行为，它和愉悦、满意不同。如果我们不能区分什么是真正的幸福，我们就会因完全依赖捷径去寻求生活中容易得到的愉悦而迷失了方向。愉悦是短期的，来自感官，而且是暂时的，一旦外在刺激消失，它便很快跟着褪去，以后就需要有更强、更多的刺激才能带来相同程度的愉悦。但我们的内心如果产生"习惯化"的幸福之后，这种幸福就是持久和永恒的，它带给我们内心的愉悦和精神上的满足不是那些外界的刺激所能代替的。

　　在当今社会，很多人追名逐利，在名利上下足了功夫。他们在物质的获得中收获了"快乐"，物质最大化带给了他们"快乐"的刺激，他们以为这就是所谓的"幸福"，于是越来越忙碌地追求"幸福"，而忽视了内心的修养和祥和，可这种"幸福"能维持多久呢？

　　许多东西我们也许曾经拥有：年轻、美貌、财富、权势……但随着时光的流逝、世事的变迁，它们会离我们而去，此时有些人就觉得自己是不幸的。但如果明白幸福不是短期行为，失去的东西就不要再

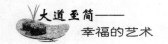

去想它们，我们就仍能感受到幸福。因为失去这些浮躁虚华的东西，幸福反而能在我们的平常心中停下脚步而常驻心田。

放宽幸福的标准，追求心境的恬淡和简单，就能留住幸福的脚步。简单的心是幸福的前提和基础；幸福则是简单的心的延伸和体现。

一次，英国政治家斯蒂芬·道格拉斯在参议院开会时，一个政敌对他出言不逊，用非常恶毒的话侮辱他。他站起身来，平静地说道："这不是一个绅士口中说出的话，你不要指望绅士会做出回答。"

在伦敦，一位女士疾步穿过街道拐角，一不小心和人撞上了。那是一个乞讨的小孩，衣衫褴褛，几乎被撞倒。这位女士赶紧停住脚步，转过身子，声音非常柔和地说："请原谅，孩子，撞到你了，真对不起。"小孩睁大眼睛看了她一会，然后摘下帽子，向她深深鞠了一躬，脸上洋溢着快乐的笑容。

幸福的人可能会失去一切，但不会丢掉勇气、乐观、希望、德行和自尊，这样，即使他没有了一切，只要他还有这些，他就仍然是个很幸福的人。有教养虽然不像房子、车子、财产那样有夺目的金光，但它同样是一种财富，而且它所产生的幸福的力量是金钱所不能企及的。有教养的人温文尔雅、谦逊知礼，既让别人感到心情愉悦，同时，他们的身上又洋溢着人性的光辉。他们不轻易动怒，更不主动向别人挑衅；他们能给予别人幸福，自己同样也是幸福的。相反，一个腰缠万贯却没有教养的人，或者一个动不动就发脾气的大人物，又怎么可能幸福？

一个少妇第一次随丈夫参加一个高级宴会，兴奋得彻夜难眠，当晚就开始琢磨宴会的妆扮。左思右想，她决定穿上最豪华的晚礼服，戴上最昂贵的首饰，化上最美的妆。丈夫在外面催促她："不要那么复杂，仅仅是一个朋友之间的交流宴会。"少妇说："放心吧，绝对不会让你丢面子。"少妇出来后，丈夫惊讶地说："这是你吗？我都认不出来了。"少妇沾沾自喜地说："那当然，人靠衣装嘛。"

看时间来不及了，丈夫也没有多说什么，就带着妻子上路了。宴会中，贵宾们一起谈笑风生，少妇也不时地在人前卖弄，她举止粗俗，高谈阔论，明显是在炫耀。丈夫虽然是这次宴会的主角，可是让他感到尴尬的是，大家对他妻子的目光不是欣赏，而是嘲笑。有人窃窃私语："丈夫那么绅士，妻子怎么那么庸俗啊。""就是啊。你看她全身上下都离不开金银珠宝，说话没有教养，还自以为很高明呢。"结果呢，本来是让人很高兴的宴会，没到一半夫妇俩就灰溜溜地离开了。

可见有教养对于人是多么的重要，没有教养，人失去的不仅仅是"面子"和心情，还有幸福的权利。

如果说幸福是好心情，那么，有教养则是由文化、教养、审美情趣和人生观念凝成的"晶体"所散发出的安静气息；有教养的人会用心活出精彩的自己，他们不会为一时的得失所迷惑，他们追求的是内心的宁静与祥和，因此，他们也能享受到幸福的惬意。

第三章

简单元中
　　蕴含着不简单

得失之间话幸福，舍得之间藏智慧

如果硬要把世上之事划分为两个方面，可以说一方面是舍，一方面是得。俗话说：大舍大得，小舍小得，不舍不得。舍得之间、得失之中暗藏着无限的玄机和智慧。世间万物没有莫名其妙的"舍"，也没有不明不白的"得"。尽管人人都想得，但是舍得之间、得失之中，如果没有参透其中的真谛而一味地要"得"，是不会真正得到满意的收获的。任何事情都是舍与得、得与失之间的权衡。

有个人善于游泳。一天，河水暴涨，同村的几个同伴一起要到河对岸去办事，因为都识得水性，尽管水势很急，他们还是乘了小船，打算横渡过去。哪知天有不测风云，小船到了河中间的时候突然漏了，水一个劲儿地涌进了船里。眼看船就要沉了，于是大家干脆全跳下船，准备游到对岸去。这个人虽然拼命地向前游，却游得很慢。

这人的同伴问他："你游泳比我们都强，今天怎么啦，竟然落在了我们后面？"他十分吃力地说道："我腰上缠着500大钱，很沉，游不动。""赶快把它解下来，丢掉算了。"同伴们都劝他。可是他摇着

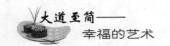

头，舍不得扔掉这 500 大钱。渐渐地，这个人越游越慢，几乎要精疲力竭了。这时，同伴中的一些人已经游到了对岸，看见这人马上就要沉下去了，就冲他大喊："快把钱扔了！你怎么这样蠢，连性命都保不住了，还要这些钱有什么用!"可是这个人终究还是舍不得这些钱。不一会儿，他就沉下去淹死了。

故事中的这个人为了活命只要做出扔掉钱袋这一个简单的行为就可以了，然而他不舍，最终付出了生命的代价。这虽是个极端的例子，可是生活中的我们也常会犯这样的错误。

我们总是希望未来的幸福按照我们的标准来实现，可为什么人的地位或状态在不断改善，但所带来的幸福感却往往没有增加？我们的知识与能力在不断地增加，生活条件也在不断改善，我们却没有体会到增加的幸福感。其实，幸福感是人们的渴求获得满足后的愉悦感觉，渴求幸福就是人们的一种求之而未得的心态，在这种心态的作用下，有人常常放不下利害得失。因此，很多情况下，你越在意得失，幸福就离你越远。

智慧的舍得之心就是懂得得失与幸福的关系而妥善处理。舍不得"舍"，就不可能有所"得"；要想有所"得"，就得付出，就得奉献。舍得笑容，得到的是友谊；舍得宽容，得到的是大气；舍得"面子"，得到的是实在；舍得酒色，得到的是健康；舍得虚名，得到的是逍遥……舍小，就有可能得到大；舍近，就有可能得到远。如果不想"舍"，不付出，不奉献，而企求"得"，那就是不劳而获，而任何方式的不劳而获，最终都是没有幸福可言的。这就是简单中蕴含着不简单的道理。

在两户人家之间的空地上长着一棵枝繁叶茂的银杏树，这棵树不知道是属于两户人家中的哪户，这样的日子过了许多年。有一年，其中一户人家的主人去了一趟城里，才知道银杏果可以卖钱，就摘了许多银杏果，卖了一笔钱。银杏果可以卖钱的消息不胫而走，于是，另一户人家的主人上门要求两家均分那些钱。但是，他的要求被拒绝了。情急之下，他找出土地证，结果发现这棵银杏树划在他家的界线内。于是，他再次要求对方把卖银杏果的钱与他平分。对方仍然不干，还开始寻找证据，结果从一位老人处得知，这棵银杏树是他曾祖父当年种下的。两家争执不下，谁也不肯让步，于是反目成仇。两家起诉到法院。法院也为难，建议庭外调解。案子拖了下来，他们两家人一看到银杏树就生气，还不时地踹上几脚，树渐渐枯萎了，树干也空了，五年后一条公路穿村而过，银杏树也被砍倒当柴烧了。

为了一棵树，这两户人家竟然丢掉了邻里情，本来可以幸福快乐的日子就这么浪费掉了。人要想有所收获，并不是紧紧抓住手中的东西不放就能得到，就像手中的沙，你越是紧紧地攥住它，它就越少。其实，看淡自己的所得，舍得放下所得，我们往往会更加轻松，心情也会更加愉悦。

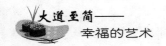
吃得眼前亏，享受长远福

"吃亏是福。"一个人也许吃了物质的"亏"，但会收获精神的"福"；一个人也许吃了小"亏"，得到的却会是大福。人的一生，在"吃亏"的同时，也往往会另有所得。明白了"吃得眼前亏，享受长远福"这个道理，你的心境就会坦然，心情就会愉快。

许多人斤斤计较，生怕自己"吃亏"。他们认为"吃亏"一定是不幸福的。这是一种狭隘的思想，其实"吃亏"又何尝不是一种幸福？

春秋时候，郑国有个很有名的政治家和思想家，名叫子产，他曾经担任郑国的卿相，实行改革，使郑国迅速富强起来，成为春秋时期一个非常强大的国家。子产最终能取得这么大的成就，在很大程度上是因为他有愿意"吃亏"的胸怀。

子产在很小的时候就与一般人不同，他与小朋友们一起玩耍，经常让着别人，有时候做游戏，明明是自己赢了，可他却故意认输，还不表现出来，让别人没有什么心理负担，结果，大家都喜欢他，都愿意和他一起玩。长大之后，子产做了官，位居郑国卿相，这可以说是地位仅次于君王的官衔了，但是子产从不以权谋私，他仍然总是把好处让给他人，连君王对他的赏赐他也经常分给别人。他的一位朋友对他这种做法很不理解，有一天就问子产："你现在位高权重，没有什么地方需要别人帮忙的了，相反只有别人会求你帮忙，那么你为什么还要讨好自己的下属呢？应该反过来才对啊！"子产沉吟了一会儿，跟朋友说："我今天的高位是众人拥护才得来的，没有他们的支持，我就不可能有今天的地位，所以得到的好处应该分给大家，这样大家都高兴了，我自己也就安稳了，大家不是都自得其乐吗？"朋友表示叹服。

当时，朝廷有许多政策不太好，老百姓的生活也一天不如一天，这样就导致老百姓产生了怨恨。子产察觉到这个问题，就上书君王："国家应该为老百姓谋福利，如果只为一己之私就不顾百姓的死活而不停地盘剥、压榨他们，那么百姓就会视国家为仇人，奋起反抗，这样国家就不得安宁了，又如何能期望它能兴旺富强呢？所以要经常替百姓着想，给他们一些好处，就像放水养鱼一样，表面上看似乎没有什么作用，其实啊，更大的好处在后边呢，并不会真正吃亏的。"君王看了之后感觉有道理，就同意了子产的建议，并让子产负责这件事。子产回去筹划一番，制定了许多惠民的措施，让百姓畅所欲言而不加禁止，这样郑国日渐安定，国力也渐渐增强，老百姓也都在传颂着子产的仁政爱民政策。

公孙氏是郑国的大贵族，在郑国非常有影响力。对待他们，子产

并未有任何压制的措施，而是格外地照顾他们，并把一座城邑奖赏给他们。这样，子产的一系列措施就很少有来自贵族方面的阻力了。但是，对这件事，子产的下属就有点不满意了，他们对子产说："大人您为了讨公孙氏的欢心，竟然把国家的城邑赏赐给他们，这样天下人会认为您出卖了国家的利益，您愿意背上这样的罪名吗？"子产回答说："公孙氏在郑国举足轻重，如果他们怀有二心的话，国家的损失就会很大。我之所以这样做，也是为了国家的前途着想，使公孙氏因此为国家效力，这样做对国家并没有什么损害啊！"

这是何等的眼光，又是何等的洞察力！子产为了长远的利益，舍弃一时的好处，甘愿"吃亏"，使百姓过上了国富民安的幸福生活，他的内心一定也是幸福和满足的——还有什么比施展抱负让国泰民安更使人快乐的呢？

美国一家销售煤油炉和煤油的公司，为引起人们对煤油炉和煤油的消费兴趣，在报纸上大肆宣传它的好处，但收效甚微。面对积压的煤油炉和煤油，公司老板灵机一动，吩咐下属将煤油炉免费赠送到各家各户，不取分文。就这样，在很短的时间内，积压的煤油炉赠送一空。公司员工们觉得十分心疼，但老板不动声色。不久，有一些顾客上门来询问购买煤油的事，再后来，竟有顾客主动来买煤油炉。原来，人们在使用煤油炉后，发现其优越性较之木炭和煤十分明显。家庭主妇们在炉里原有的煤油用完后，仍然希望继续使用煤油炉，这时人们已经一天也离不开它了，只好来公司购买新的煤油炉。这家公司的煤油炉自然久销不衰。

"吃小亏赚大钱"是商人的智慧，但应用于生活中，"吃亏"于人有利于己也有好处；当你吃得眼前亏，以乐观豁达的态度笑对人生，你就不会因自己所付出的比别人多，所得到的比别人少而心存怨气，反而会更加懂得珍惜和感恩世间的美好。

不管什么时候，人都要把心胸放开些，眼光放远些，不要斤斤计较于眼前的"吃亏"与否，而要考虑自己的精神是否能得到长久的愉悦感受。记住：吃得眼前亏，享受长远福，这是幸福的"法宝"。

淡泊明志，心不被外物役

要想幸福快乐有很多种方式，淡泊明志、过平淡的生活就是其中一种，也是最简单也最长久的方式！世间万物并不复杂，生命的意义也不仅仅是拥有，如果我们懂得用心去体会生活的美好，生命的幸福便会在生活的点滴中展现，我们就不会有太多心为物役的苦恼。

《菜根谭》中说："浓肥辛甘非真味，真味只是淡；神奇卓异非至人，至人只是常。"

许多人有过这种体验：一穷二白时无牵无挂，快乐自在；一旦富裕了，预期也越来越高，名望、财富等带来的幸福感也越来越少。为什么？因为他们已经被外物所役了。一个人过度追求物质，那已不是一种幸福，而是一种不断膨胀的欲望。当这种欲望冲昏头脑并占据思想时，人最终会被这种欲望埋葬在不幸的深渊中。很多事实证明，幸运的事和很高的成就不能带给人长久的幸福，只是短期效果而已，相比较而言平淡的生活更幸福。

"二战"期间，科学家爱因斯坦为躲避法西斯的迫害，移居美国。

普林斯顿大学以最高年薪1.6万美元聘请他，他说："能否少一点？3000美元就够了。"有人大惑不解，他解释道："每件多余的财产，都是人生的绊脚石，唯有简单的生活，才能给我创造的原动力。"直到生病住院，他还说："平淡的生活，无论对身体还是精神，都大有裨益。"

其实，爱因斯坦一生的成就离不开这种淡泊的生活态度，正是这种生活态度，才让他不被世俗的负荷所累，才使得他能够更加专心地做自己的研究。

世间万物原本是以简单的形式存在的，只是随着人们的审美观念、思维方式、认知能力的变化，很多人失去了淡泊明志的睿智。如果你淡泊，那么就能还原对这个世界简单的认识；世界变得复杂，不是因为其他原因，而是人被外物所役的结果。

奥运会上，有大量优秀的体育运动员因为太想拿金牌了，心理压力加大，所以临场发挥不佳，最后与金牌失之交臂。也有许多不知名的运动员，因为没有必须拿金牌的心理压力，轻装上阵，从而取得不错的成绩，有的甚至超常发挥，夺得了金牌。

体操王子李宁在1984年第一次参加奥运会时，由于没有夺金的压力，发挥超常，一举夺得了自由体操、吊环和鞍马三枚金牌，跳马银牌和全能铜牌，男子团体银牌，被喻为"体操王子"。

在1988年第24届汉城奥运会上，由于是李宁体育生涯的最后一场比赛，夺金与保持"体操王子"名声的压力太大，他在比赛中发挥失

常，最终与奖牌无缘。

可见，不被外物所役、所累可以使人超常发挥自己的水平，取得好的成绩。

追求幸福也是一样，把结果置之度外，只问耕耘，不问收获，淡泊明志的人也许更能拥抱幸福。不要以为生活堆砌了荣华富贵的光芒就会幸福，丰富的物质和光鲜的外表有时并不能给人带来幸福的回报。

有一个皇帝想要整修一座寺庙，便派人去找技艺高超的设计师，希望能够将寺庙整修得美丽而庄严。有两组人员被找来，其中一组是京城里很有名的工匠，另外一组是几个和尚。皇帝没有办法判断到底哪一组人员的手艺比较好，于是决定给他们一个机会，做出比较。

皇帝要求这两组人员各自去整修一个小寺庙，这两个寺庙正好面对面，三天之后，皇帝来观看效果。工匠组向皇帝要了100多种颜色的涂料和很多装饰品，又要了许多工具；而让皇帝很奇怪的是，和尚们居然只要了一些抹布与水桶等简单的清洁用具。

三天之后，皇帝来了。他首先看的是工匠们整修的寺庙。他们用了非常多的涂料，以非常精巧的手艺把寺庙装饰得富丽堂皇。皇帝很满意地点点头，接着又去看和尚们负责整修的寺庙，他看了一眼就愣住了：寺庙中非常干净，所有的物品都显出了它们原来的颜色，而它们光洁的表面就像镜子一般，反射出外界的色彩，那天边多变的云彩、随风摇曳的树影，甚至是对面的寺庙，都变成了这个寺庙美丽色彩的一部分，而这座寺庙只是宁静地接受着这一切。皇帝被这庄严素朴的寺庙深深地震动了，当然我们也知道最后谁胜谁负了。

这就是淡泊之美，这就是淡泊的力量！于物如此，于人也同样。淡泊才是一种崇高的幸福。

人生百态，各具千秋，怀一颗淡泊之心的人会体会到幸福！保持一颗淡泊之心，不被外物役使，万事泰然处之，是一种自信，也是一种成熟的人生智慧，这样的人生才会幸福而美好。

学会放弃，轻装前行

狄德罗是18世纪法国著名的哲学家。有一天，他的朋友送给他一件质地精良、做工考究、图案高雅的红色睡袍。他非常喜欢，穿着它在家里找感觉。此时他发现家具的风格有些不对，地毯的针脚也粗得吓人。于是，为了与睡袍配套，他把家里旧的东西先后更新，家具终于都跟上了睡袍的档次。可他越待越觉得不舒服，因为自己居然被一件睡袍"指挥"了，甚至是"胁迫"了。后来，狄德罗写了一篇文章描述这种感觉，题目是《与旧睡袍离别的痛苦》。

生活中，很多人都在重复着"狄德罗效应"，他们习惯于索取，放不下自己的欲望，放不下自己的过往。他们得到了还想得到更多，欲望如沟壑，怎样都填不满，放弃对他们来说实在太难了。他们由于无法知足，所以也体会不到人生的幸福美好。

一个人的欲望如果太多往往会成为负累。有些东西，只要你接受了一件，那么贪婪的心理就会使你不断想要更多，从而陷入"狄德罗效应"，无法摆脱它的困扰。

一个青年背着个大包裹千里迢迢跑来见无尘大师，他说："大师，我是那样的孤独、痛苦与寂寞，长期的跋涉使我疲倦到极点；我的鞋子破了，荆棘割破双脚；手也受伤了，流血不止；嗓子因为大声呼喊而暗哑……为什么我还不能找到心中的阳光呢？"

无尘大师问："你的大包裹里装的是什么？"青年说："它对我可重要了。里面装的是我每一次跌倒时的痛苦、每一次受伤后的哭泣、每一次孤寂时的烦恼……靠着它，我才走到您这儿来。"

于是无尘大师带青年来到河边，他们坐船过了河。上岸后，无尘大师说："你扛着船赶路吧！""什么，扛着船赶路？"青年很惊讶，"它那么沉，我扛得动吗？""是的，你扛不动它。"无尘大师微微一笑，说，"过河时，船是有用的。但过河后，我们就要放下船赶路，否则它会变成我们的包袱。痛苦、孤独、寂寞、灾难、眼泪，这些对人生都是有用的。它们能使我们的生命得到升华，但如果总是不忘，就成了人生的包袱。放下它们吧！孩子，生命不能太负重。"

于是，青年放下"包袱"，继续赶路，他发觉自己的步子轻松而愉悦，比以前快多了。

的确，人生如此美好，学会放弃或许更幸福。只有学会放弃的人才是真正的智者和英雄，才能体会到幸福的甘甜。事实上，我们每个人都应学会放弃人生道路上遭遇的痛苦、孤独、寂寞、灾难等，让自己轻装前进。很多人正是由于背负太多的"欲望"而忘记了放下，所以才会在痛苦的深渊里挣扎。

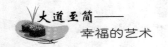

人的一生要经历很多的悲欢与苦乐、获得与失去。很多人往往沉浸于这些经历之中，不能自已。但是，如果善于放弃过去，放下私心杂念，心情淡然不起波澜，往往能看见别有洞天的幸福。

当你拥有几个香蕉的时候，最好不要把它们都吃掉，因为你把几个香蕉全都吃掉，你也只吃到了几个香蕉，只吃到了一种味道而已。如果你把香蕉中的几个拿出来分给别人吃，尽管你少吃了几个，但实际上你却能得到友情和幸福。以后当别人有了其他水果的时候，也一定会和你分享，你会从这个人手里得到一个橘子，从那个人手里得到一个梨，最后你可能就得到了几种不同的水果，品尝了几种不同的味道。所以我们一定要学会该放弃时就勇于放弃，用自己拥有的东西去换取对自己来说更加重要和丰富的心灵的幸福。

一个旅人非常喜欢花，他认为要是有朝一日能采到惊世骇俗的奇花异草就是此生最大的幸福了。有一天，他在路旁看到许多盛开的鲜花，他一边走一边采，沿途的花一朵比一朵大，一朵比一朵美，一朵比一朵香，到黄昏的时候，将近旅程的终点，他看到一朵巨大的奇异的花，在暮色中散发着沁人心脾的芬芳。他喜出望外，抛掉了手中所有的花，奔跑过去，但他的脚步却因跋涉的疲劳而显得有些沉重。当他终于赶到了那朵花面前时，花已经枯萎了。他绝望地握住花梗，手一摇动，花瓣一片一片地掉了下来。于是旅人开始感叹自己的"不幸"：如果他不留恋那些小花而大踏步地一直向前走，就可能得到那朵奇异的花。可是细想，就算他得到了那朵令他喜出望外的奇异的花，当他回眸时，可能也会以同样的心情遗憾错过那么多芬芳的无名小花，这同样也是一种"不幸"。究竟哪种选择更好他拿不准。后来，他索性释然了：人生总不可能占尽先机，放弃是一种常态。哪种选择都有其快乐的感受，都能让自己度过幸福的一天。

　　是的，凡事只要不钻牛角尖、不贪心，学会放弃，就能体会到其中的快乐与幸福。

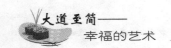
幸福源于生活的不完美

　　幸福源于生活的不完美。先来看一个小故事：

　　有一位伟大的雕刻家，致力于追求艺术的完美，以至于当他完成一座雕像时，令人几乎难以区分哪个是真人，哪个是雕像。

　　有一天，死神告诉雕刻家，他的寿命将尽。雕刻家非常伤心和害怕，就像所有人一样，他也不想死。他静心思索，最后想到一个方法，做了12个和他一模一样的雕像。

　　死神看到后很是困惑，他无法相信自己的眼睛，因为此前从未发生过这种事！从没听说过上帝会创造出两个完全一样的人！上帝的创造总是独一无二的，上帝从来不相信任何惯例，所有东西都是唯一的。

　　到底怎么回事？12个一模一样的人，他该带走哪一个呢？他只能带走一个……死神无法做出决定。死神带着困惑去问上帝："你到底做了什么？居然会有12个一模一样的人，而我要带回来的只有一个，我该如何选择？"上帝微笑着把死神叫到身旁，在死神耳旁轻声说了一个方法，一个能够在"赝品"之中找出"真品"的方法。上帝给了死神一个秘密暗号，说："你到那个雕刻家藏身的雕像间里，说出这个暗号。"死神问："真的有用吗？"上帝说："别担心，你试了就知道。"死神带着怀疑的心情去了。他进了房间，往四周看了看，说："先生，一切都非常的完美，只有一件小事例外。你做得非常好，但你忘记了一点，所以仍然有个小小的瑕疵。"雕刻家不由地跳出来问："什么瑕疵？"死神笑着说："抓到你了吧，这瑕疵就是你自己，天堂都没有完美的东西，何况人间？跟我走吧。"

很多人一辈子追求完美，但他们不明白：追求完美没有错，但完美的生活是不存在的。人的幸福不是寻找完美的生活，而是要学会用完美的眼光去欣赏并不完美的生活。这是生活的常态。

上帝用金杯子、水晶杯子、木杯子装了水来招待三位客人。用金杯子喝水的人放下杯子后得意地说："感觉很高贵！"用水晶杯子喝水的人惊喜地表示："水的颜色太美了！"用木杯子喝水的人喝干了最后一滴水，然后微笑着说："水很甜！"上帝也笑了：原来只有在平凡中人们才能体味生活的真正滋味啊！

缺陷和不足是人人都有的，但是作为独立的个体，你要相信，你有许多与众不同的甚至优于别人的地方，你要用自己特有的形象装点这个丰富多彩的世界。也许你在某些方面的确逊于他人，但是你同样拥有他人所无法企及的某些专长，有些事情也许只有你能做，别人做不了！所以学会欣赏自己的不完美，并将它转化为动力，这才是最重要的。

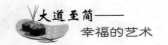

　　生活中，不是每次努力都一定有完美的结果，不是每个愿望都一定能被完美地满足。如果你在尽力争取之后，仍无法达成自己的目标，那也不必失望消沉，因为在这种追求中你的精神会满足，你的内心仍存快乐。调整好自己的心态，你就会知道有时不完美也是一种幸福。

　　一位老和尚身边聚拢着一帮虔诚的弟子。一天，他嘱咐弟子每人去南山挑一担柴回来。弟子们匆匆行至离南山不远的河边便停住了，目瞪口呆。只见洪水从山上奔泻而下，无论如何也休想渡河砍柴了。

　　无功而返，弟子们都有些垂头丧气，唯独一个小和尚表现得欢欣喜悦。师父问其故，小和尚从怀中掏出一个香蕉，递给师父说："过不了河，砍不了柴，见河边有棵香蕉树，我就顺手把树上唯一的一个香蕉摘来了。"

　　后来，这个小和尚成了师父的衣钵传人。

　　世上有走不完的路，也有过不了的河，当有些事情确实无法完成时，就要懂得抛开它，把精力转移到其他事情上去，换一种心情，乐观面对生活。那些爱挑剔、过分追求完美的人，总希望事事立竿见影，于是在一些细节、小事上"钻牛角尖"，些许点滴的差错也会令他们耿耿于怀。这种求全责备的生活态度，将在无形中给自己和他人的生活增添许多难以忍受的烦恼。因此，当你追求完美的结果但屡屡无功而返时，不妨冷静下来想想：世上哪有什么尽善尽美的生活？哪有什么所谓的"极乐天堂"？当你能原谅自己和他人的错误的时候，不愉快就会随之消失。即使遭遇遗憾，也无须捶胸顿足，只要在河边"摘一个香蕉"就足以使自己的人生实现"突围"和超越。世间并不是必须将所有的欲望都满足，也并不是所有的追求都一定会有一个完满的结局，不完美常常出现，要学会接受简单的生活。

人生确实有许多不完美之处，每个人都会有这样或那样的遗憾。有些人往往把不完美放大，以至于让自己越发地远离快乐与幸福。其实，没有遗憾，我们就无法去衡量完美。仔细想想，遗憾或缺憾其实不也是生活的一种美吗？

第四章

简单生活
要有平常心

简单生活，从容欣赏人生

简单生活，就是从容地欣赏人生的全过程。人生的幸福不存在复杂性和神秘感，幸福的生活与其说是看到结果，不如说是欣赏过程。有些人的生活甚至会像那些走弯路的河流一样，坎坎坷坷，但最终会抵达那遥远的大海。

在一个美丽的海滩上，有一位不知从哪来的老者，每天坐在固定的一块礁石上垂钓。无论运气怎样，钓多钓少，两个小时一到，他便收起渔具，扬长而去。老者的古怪行动引起了一位小伙子的好奇。一次，这位小伙子忍不住问："当你运气好的时候，为什么不一鼓作气钓上一天？这样一来，就可以满载而归了！"

"钓更多的鱼用来干什么？"老者平淡地反问。

"可以卖钱呀！"小伙子觉得老者傻得可爱。

"得了钱用来干什么？"老者仍平淡地问。

"你可以买一张网来捕更多的鱼，卖更多的钱。"

"卖更多的钱又干什么？"老者还是那副无所谓的神态。

"捕更多的鱼，再赚更多的钱。"小伙子认为有必要给老者定一个规划，"然后组织一支船队，开一家远洋公司，赚更多更多的钱。"

老者笑了："我每天钓上两小时的鱼，其余的时候嘛，我可以看看朝霞，欣赏欣赏落日，种种花草蔬菜，会会亲戚朋友，优哉游哉，更多的钱于我何用？"说话间，老者打点好装备走了。

简单生活才能品味其中的幸福和快乐。幸福与贫富无关，人如果患得患失，笑声就会从生活中消失，人也就无幸福可言了。

从前，有一对卖豆腐的夫妻，每天起早摸黑，经营着小本生意。虽然挣不到大钱，但生活稳定，一年四季尚能温饱，所以他们很是知足，茅屋里经常飞出欢乐的笑声。他们隔壁住着一个富翁，听着每日茅屋里飞出的笑声，富翁很是疑惑，很不是滋味。于是有一天晚上，在卖豆腐的夫妻睡下之后，富翁悄悄地将一块金子扔进了隔壁院里。第二天早上，夫妻俩发现了院里的金子，兴奋异常，但在如何处置金子的问题上两人发生了矛盾。当个富翁吧，金子显然不够；改造房屋吧，钱也仍是太少；放在家中，又怕被人偷去。夫妻俩商量来商量去，始终拿不出最佳方案。于是，他们守着金子发愁，豆腐也无心去做，从此屋里没了笑声。

简单生活是幸福的源泉，幸福的过程不在于所得所失，而在于拥有知足常乐的心态。如果想让自己的生活充满笑声，那就"删繁就简"，从容欣赏简单生活的每一个瞬间吧。

保持宁静，把生活交给"随意"

在现实生活中，为什么许多人整天自寻烦恼、郁郁寡欢？据统计，生活中40%的忧虑来自于未来的事情，30%的忧虑来自于过去的事情，20%的忧虑来自于平日微不足道的事情。如果把一切交给"随意"，生活中那些不必要的忧虑就无从谈起。

保持宁静，心灵能获得最大的空间。芝兰生于幽谷，不因无人问津而不开，这是一种淡泊的宁静；梅花开于墙隅，不因阳光不照而不香，这是一种自信的宁静；流水绕石而过，不因山石之阻而纷争，这是一种谦让的宁静；无花之树结果，不妒姹紫嫣红而孕育，这是一种朴素的宁静。

宁静的心态是能把一切交给生活的"随意"，在诱惑面前不迷失，在世俗面前不随波逐流，以平静的心对待变化，以欣赏的眼光看待世界，以宽广的胸怀待人接物。

人活在世上，看似长久，实则只有三天——昨天、今天和明天。只要你懂得：昨天过去了，不必烦；今天还在过，不用烦；明天还没

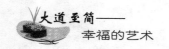

到，烦不着，如此一来，就没有什么是值得你忧虑烦闷的了。不忧虑烦闷，就不会害怕失去时间，失去生命，失去财富，失去机会。

有一位著名的女高音歌唱家，仅仅30岁就已经誉满全球，令许多人羡慕。一次，她到外地举办独唱音乐会，入场券早在半年以前就被抢购一空，当晚的演出也受到空前的欢迎。演出结束后，她和丈夫、儿子从剧场里走出来的时候，被早已等候在外面的观众和记者团团围住，人们争着与她攀谈，多是赞美和仰慕之辞。

有的人羡慕她大学刚毕业就开始走红，进入了国家级的歌剧院；有的人恭维她27岁就成为世界著名女高音歌唱家；也有人赞美她有个腰缠万贯的丈夫，还有个脸上总带着微笑的儿子……她默默地听着，没有任何表示。她等人们把话说完以后，才缓缓地说："谢谢大家对我和我的家人的赞美，我希望在这些方面能够和你们共享快乐。但是，你们看到的只是一个方面，还有一个方面你们没有看到，这就是受到你们夸奖的我的儿子。不幸的是，他是一个不会说话的哑巴。他还有一个姐姐，是一个常年被关在铁窗房间里的精神分裂症患者。"说完，女高音歌唱家一脸平静。

人们听了她的话，都震惊得说不出来话，面面相觑，一时间都无法接受这个事实。见此情景，女歌唱家心平气和地说道："这一切说明了什么呢？这一切说明了一个道理——上天给谁的都一样多。"

是的，如果把一切交给生活的"随意"，人就不会过于计较与算计、误解与赞赏、批评与歌颂，这些外界的声音也许于己有利，也许于己不利，思考了，借鉴了，还要使自己的头脑清醒，做最真实的自己，活出自己的本色和风采。

平淡的真味如中国的水墨画，在一张宣纸上，寥寥数笔就可以勾勒出一种丰富的意蕴，这是一种虚无的空灵艺术美。画中的墨色，有时可能淡得接近于无。而西方的油画虽可以表现出丰富的色彩变化，却不能营造出诗意般轻盈的境界。水墨画上那大片大片的空白，事实上是给人留下的想象空间。"星垂平野阔，月涌大江流"，那些没画出来的，要比画出来的，更耐人回味，这是幸福的意境，理解了这种意境，你就理解了生活的真谛。

珍惜生活，品尝幸福的味道

生活中人们需要去追求，也需要满足。在人生的道路上，人要有所追求，又要有所满足，这样才是一个幸福的人。

有时候，我们需要体会失去才能懂得珍惜我们的拥有，所以不要把获得什么当作是理所应当的事情。如果不是珍惜高远的追求，又怎能体会到"暮春者，春服既成，冠者五六人，童子六七人，浴乎沂，风乎舞雩，咏而归"那种心灵安定的幸福？如果不是珍惜宁静致远，又怎能感受到不以物使、不被物役那种出世超俗的幸福？如果不珍惜生命的低潮，把它当作幸福的起点，又怎能感觉到成功后的幸福愈加甘甜？

再有神的眼睛，注视一件事物久了也会疲劳；再好的幸福，如果不用心体会也不会觉出它的美好；再顺利的日子，如果不用心珍惜也会悄然离去，空留下无数的遗憾。

有句谚语说："漂亮的撤退与漂亮的进攻同样重要。"生活也是一样。不会珍惜"所有"的人，会错过很多美景，感受不到幸福的味道；

而会珍惜的人，即便遭遇不幸，也会用乐观的心态把它化为幸福。所以不管你自己在别人眼中的境遇如何，珍惜自己目前所拥有的一切就是最幸福的——因为它们都是你生命的馈赠，不管是好是坏，这些都是你对生活的体验，你会从中品尝到酸甜苦辣的万般滋味。

生活可以是看"大漠孤烟直，长河落日圆"的壮丽；也可以是感受"漠上草惊风，夜虫尽哀鸣"的恬淡；更可以是朴实无华的爱人常伴你左右……很多人都在追求生活幸福，到头来却迷失在寻找幸福、追求幸福的"泥沼"之中难以自拔。其实，他们不是得不到幸福，而是不会珍惜自己已拥有的幸福。因此，就算是生活给了他们无限的时日去寻找幸福，他们也不会找到幸福。

家庭的幸福之道是珍惜每一份亲情，爱情的幸福之道是珍惜每一份温暖的如潺潺溪流的情意，婚姻的幸福之道是珍惜平淡而相濡以沫的日子，生活的幸福之道是珍惜如细水长流的平平淡淡的每一天……人只有这样，才能有充满自信的幸福，才能有追求事业、工作成功的决心。

有个落魄的青年请求别人帮他介绍一份工作。"你会说外语吗?""不会。"他摇摇头。"懂法律吗?"他又摇头。"会计算机吗?"对方一直提问，青年一再摇头，而且越来越受打击，他忽然觉得自己特别不幸：自己干什么都不行，这份工作是没戏了。介绍人最后也很失望，但还是答应先帮他找找看。然而，就在青年给介绍人写下姓名、地址和联系方式转身要走时，介绍人却眼前一亮，急忙把青年拉住高兴地

说："年轻人，你的字写得这么漂亮，这就是你的优点啊！你怎么不懂得珍惜并利用它呢？"从介绍人肯定的眼神里，青年似乎看到了希望，他的自信顿时迸发出来。

　　没多久，青年果然找到了一份文书的工作。他经过不断努力，尤其是在自己的书写优势上下功夫深造，最终成立了自己的设计公司，专门为客户量身打造企业标识和设计包装形象。他的公司虽然不大，可看着自己设计的字体、文案的风格让客户很满意，他充满了成就感和幸福感。

　　生活中有无穷无尽的幸福等待我们去发现，但很多人由于不珍惜现在已拥有的，没能发现自己的闪光点而浪费了很多享受幸福的机会，甚至觉得自己不幸福或幸福无望。其实真正的幸福不是来源于外界，而是来源于我们的内心是否珍惜。从外界寻求快乐，不如从自身努力，培养能让自己产生幸福和快乐的优势，并好好珍惜自己已拥有的事物。

金钱不是幸福的源泉

一个人的成就，不是以金钱来衡量的，金钱并不是幸福的源泉。相反，拥有再多物质，终究也如过眼烟云，而勤于奉献，把握分秒，才是真正的幸福人生。

在许多人眼里，富翁是幸福的，认为他们的生活随心所欲，他们可以用金钱换来自己想要的任何东西。但是，富翁的生活其实并不如人们想象的那样幸福无忧。

一位记者曾经采访过亿万富翁李嘉诚，他在整个采访过程中用了十分尊敬的词语，告辞的时候还表示了对李嘉诚的崇拜。结果，李嘉诚却说："先生，我同样崇拜你。"记者愕然。李嘉诚解释说："我愿意拿一半的资产和你换青春，你愿意吗？"李嘉诚富可敌国，却无法换回逝水流年。

比尔·盖茨说他最快乐的事情不是每天看着自己银行卡里有用不完的钱，而是能够回到家里和妻子、儿子一起看看电视、喝喝咖啡或者做做游戏。

英国有人最近搞了一项关于富翁生活状况的调查，把年收入在六万英镑以上的英国人作为调查对象，并且随机抽取，结果发现30%左右的人认为自己追求财富的代价是牺牲婚姻或与孩子的亲情；而10%的人认为他们取得经济上的成功是以健康为代价的。他们都表示，如果有可能，他们愿意用财富换回青春和健康。

拥有青春、健康、亲情是幸福的，这样的幸福是无法用金钱来换取的，可见金钱并不是幸福的源泉。

一个因为穷困潦倒而悲观失望的人问智者，如何才能让自己快乐起来。智者问："如果给你100万买你一只手，你愿意吗?"他说不愿意。智者又问："如果给你100万买你一只脚，你愿意吗?"他还说不愿意。智者于是说："那你现在拥有了200万，还有什么不开心的呢?"

对于每个人来说，拥有生命、健康才是幸福快乐的基石。

一位钱币商和一位卖烧饼的小贩同时被一场洪水困在了野外的一个山岗上。两天后，钱币商身上带的吃的东西都没了，只剩下了一口袋钱币，而烧饼贩子则还有一口袋烧饼。钱币商提出一个建议，要用一个钱币买一个烧饼，烧饼贩子不同意，但他提出要用一口袋烧饼换一口袋钱币。钱币商同意了。一天又一天，洪水还是没有退下去，钱币商吃着从烧饼贩子手里买来的烧饼，烧饼贩子则饿得饥肠辘辘。最后实在忍不住了，他就提出要用这口袋钱币买回他曾经卖出的而如今数量已不多的烧饼，钱币商没有完全答应他的条件，只允诺他用几个钱币换一个烧饼。洪水退去后，烧饼全部吃光了，而一口袋钱币又回

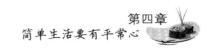
到了钱币商的手中。

钱币商很聪明，也很精明，他清楚，金钱并不是幸福的源泉。幸福的源泉在哪里？很多情况下，生存就是幸福，在困境中活着就是幸福。

哈佛大学所在地有位孤独的老人，他无亲无故，又疾病缠身。他决定搬到养老院去，并宣布出售他庞大的豪宅。购买者蜂拥而至，住宅的初始价是18万美元，但很快就被炒到30万美元，而且价钱还在不断上涨。在公开拍卖这天，老人满怀忧愁：自己要不是身染疾病的话，绝不会将这栋陪自己度过大半生的住宅卖掉。

一个衣着简陋的青年来到老人面前轻声说："先生，我很想买它，但我只有1万美元。""它的底价就是18万美元。"老人说。青年没有沮丧，他诚恳地说："如果您把住宅卖给我，我保证会让您依旧生活在这里，和我一起喝茶、读报、散步，请相信我，我会真诚地来照顾您的后半辈子！"

老人站起来，摆手示意沸沸扬扬的人群安静下来。"朋友们，这栋住宅的新主人已经产生了，就是这个年轻的小伙子。"

这是个不可思议但真实发生的故事，年轻人的梦想之所以成真，是因为他和老人都明白金钱并不等于幸福，他们更看重的是世间的真情。老人在最后时刻终于想开了：金钱并不是幸福的源泉，他无私地把自己的财富送给小伙子的同时，也获得了心灵的慰藉和幸福的生活。

　　下面这个故事中的主人公就因为不明白金钱并不是幸福的源泉这个浅显的道理，而有了可悲的结果：

　　在一间很破的屋子里，有一个人穷得连床也没有，只好躺在一条长凳上。

　　这人自言自语地说："我真想发财呀，我如果发了财，决不做吝啬鬼……"正说着，他身旁出现了一个魔鬼。魔鬼说道："好吧，我就让你发财吧，我会给你一个有魔力的钱袋。"

　　魔鬼说："这钱袋里永远有一块金币，但是你要注意，在你认为够了时，就要把钱袋扔掉，然后才可以开始花钱。"说完，魔鬼就不见了。这时，在这人的身边，真的出现了一个钱袋，里面装着一块金币。那人把那块金币拿出来，里面又有了一块。于是这人不断地往外拿金币，拿了整整一个晚上，金币已有一大堆了。他想："这些钱已经够我用一辈子了。"到了第二天，他很饿，很想去买面包吃。但是在他花钱之前，必须扔掉那个钱袋，他便拎着钱袋向河边走去，可是他舍不得扔，又带着钱袋回来了。他又开始从钱袋里往外拿钱。就这样，每次当他想把钱袋扔掉时，总觉得钱还不够多。日子一天天过去了，他完全可以去买吃的、买房子、买最豪华的车子。可是，他对自己说："还是等钱再多一些再扔吧。"他不吃不喝地往外拿金币，身体变得特别虚弱。金币已经快堆满屋子了，可他还在不停地往外掏金币，他虚弱地说："我不能把钱袋扔掉，金币还在源源不断地出来啊！"最后，他死在了长凳上。

90

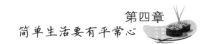

对于贪婪的人来说，追求永远没有停止的时候、满足的时候。而金钱如果不发挥实际意义，就没有意义。钻进"钱眼"的人会一叶障目，不见泰山。因此，莫让金钱遮住眼，走出"钱眼"天地宽。人世间，友谊、爱情、亲情、生命、健康等远比金钱珍贵得多。

第五章

简单的人生
不计较

善待他人，化干戈为玉帛

赠人玫瑰，手有余香。鲜花送给别人时，首先闻到花香的是我们自己；抓起泥巴抛向别人时，弄脏手的是我们自己。善待他人就是心存好意、身行好事，化干戈为玉帛。

有一个耐人寻味的小故事，说明了不会善待他人的人的处世态度，值得我们好好思考：

有两位武士走入森林里，看到一棵树下有一块盾牌。一位武士看到盾牌是金色的，而另一位武士看到的却是银色的。

"这是金盾牌！""这是银盾牌！"两人各执一词，争吵不休，后来拔出剑来准备一决胜负。他们杀得天昏地暗，整整厮杀了几天都未分出胜负。当两人累得坐在地上喘息时才发现，盾牌的正面是金色的、反面是银色的，原来这是个双面盾牌。

可见，一个人若不懂得善待他人，为了无谓的是非曲直浪费精力，以这样的态度生活，又岂能品尝到幸福的味道？

一个坚持己见、不懂得善待他人的人将会失去平和之心。其实世

事万物都没有绝对，一切的是非曲直远没有善待他人重要。著名作家柏杨曾说过，事物都有正反两个方面，如果在白纸与黑点面前，只注意到黑点而忽略了整张白纸，那么，你的眼中就是一个黑色的世界。

善待他人的人自己的内心是澄澈和光明磊落的，这样在被他人误解的时候才能坦然一笑；在受委屈的时候才能颔首不语；即使吃了亏也会对人充满善意。因为，他们的心里容得下别人、受得了委屈，他们懂得幸福的真谛，懂得如何对待他人的道理。

如果你不懂得如何善待他人，你从中感受到的不是幸福，而是自己的内心承受的压抑，杂乱的心情就会取代原本属于你的快乐和幸福；如果你不懂得如何善待他人，总盯着他人的缺点，你就不知道感恩和珍惜，就算世界再美好，你也感受不到幸福的存在。那些终日被烦恼所困扰的人，不是觉得别人对不起自己就是感受不到幸福的存在。其实，只要你学会善待他人，只要你善于换一个角度看问题，不要总盯着别人的缺点，不要总以为世界与你为敌，自然不会有与人纷争的烦恼或怒气，幸福也就会和你不期而遇。与人为善，内心必然幸福，人间的情谊会让你觉得温暖如春，生命的意义也会在善待他人的点滴里展现。当一个人很自然地去善待别人时，每一天都会过得很幸福。

倡导简单生活的人知道如何善待他人，在别人承受痛苦或遭遇不幸时，绝不冷眼旁观，而是尽自己的力量和可能给予他人同情和帮助，即使是再普通的关系也会表现出他的热情，真诚待人。而那种虚情假意，想捉弄别人，甚至看别人笑话的人，是注定不会有朋友的。

人与人相知，靠的是诚意；人与人相处，靠的是善意；人与人相交，靠的是真心。真诚地与人相处，欣赏他人的优点，你就会拥有平静幸福的生活。善待他人，会减少人与人之间火药的味道和硝烟弥漫的战局，你会感受到世界的美好，你会发现幸福的生活不是一句空洞的口号。

幸福总是与善待他人的人相伴。善待他人，能体验尊重的高贵，能表现宽容的博大。善待他人是一缕真情的清风，是一份微笑的礼物，是一座理解的桥梁，是人世间充满赞赏的鲜花。

善待他人是幸福的，善待他人的人以"利他"为荣，有着博爱的同情心。幸福的人不会把注意力集中到自己身上，他们把赞扬的光环首先戴在别人头上，甚至愿意与陌生人分享他们的"好运"。

以前有一位非常富有的商人，在他年事已高时，他决定把家产分给三个儿子，但在分财产之前，他要三个儿子去游历天下。临行前，商人告诉孩子们："你们一年后回到这里，告诉我你们在这一年内所做过的最高尚的事。我的财产不想分割，集中起来才能让下一代更富有。只有一年后能做到最高尚事情的那个人，才能得到我的所有财产！"

一年过去后，三个儿子回到父亲跟前，报告这一年来的所获。

老大先说："我在游历期间，曾遇到一个陌生人，他十分信任我。将一袋金币交给我保管。后来他不幸过世，我将金币原封不动地交还

给了他的家人。"父亲说："你做得很好，但诚实是你应有的品德，称不上是高尚的事情！"

老二接着说："我旅行到一个贫穷的村落，见到一个衣衫破旧的小乞丐不幸掉进河里，我立即跳下马，奋不顾身地跳进河里救起了那个小乞丐。"父亲说："你做得很好，但救人是你应尽的责任，还称不上是高尚的事情！"

老三迟疑地说："我有一个仇人，他千方百计地陷害我，有好几次，我差点死在他的手中。在我旅行途中，有一个夜晚，我独自骑马走在悬崖边，发现我的仇人正睡在崖边的一棵树旁，我只要轻轻一脚，就能把他踢下悬崖。但我没这么做，我叫醒了他，让他继续赶路。这实在不算做了什么大事……""孩子，能帮助自己的仇人，是高尚而且神圣的事，你办到了，来，我把所有的财产业都给你。"

懂得善待他人的人是高尚的，因为，善良是一种境界，善待他人也是一种胸怀；善待他人是一种品质，同情心更是一种涵养；善待他人的人会无私地帮助他人、团结他人、借鉴他人的智慧，会以真诚和爱心回馈社会，回报他人。所以说，善待他人的人不只让别人温暖，也让自己幸福。

幸福的别名叫宽容

幸福的别名叫宽容。为什么这样说呢？因为一个人的胸怀能容得下多少人和事，就能获得多少幸福。

很多人以为，如果你让我难过，我也不能让你好受；我不能宽容伤害过我的人，这样他也就没有好日子过。实际上冤冤相报是彼此的不幸，惹来怨气，寝食难安，积出病来，因小失大。真正幸福的人会以宽容的胸怀和睿智原谅别人，忘却伤害，留下温情，感化别人，也温暖自己。宽容的人是高尚的，更是快乐的。他们宽容的胸怀为自己的心灵撑起了一把保护伞，他们心平气和看得开，人际关系也越来越和谐。

宽容能让人谦虚谨慎，有礼有节，没有傲慢的气势，也没有嚣张的气焰。心宽，天地就宽，一个人以宽容的态度去谅解别人，即使有了矛盾也能缓和。为了丁点大的小事相互争吵，斤斤计较，只会伤害了彼此的感情，这样的人终生都会在怨气中无奈地徘徊。

宽容是一种美德。宽容别人，其实也是给自己的心灵"让路"。只

有在宽容的世界，才能奏出和谐的幸福之歌！人要想幸福，就要创造一个没有偏见、宽容的社会。要想根除偏见，首先要宽容别人。

幸福的别名叫宽容，人只有远离狭隘偏见，以宽容的美德善待他人，才能体会到生命的美好和生活的幸福。宽容的人知道"识人不必探尽，探尽则多怨；知人不必言尽，言尽则无友；责人不必苛尽，苛尽则众远；敬人不必卑尽，卑尽则少骨；让人不必退尽，退尽则路艰。有境界，能看远；有肚量，能看宽；有涵养，能自持；有锋芒，能内敛"的真谛。宽容的人会与人为善，善待他人的同时，留给自己丝丝缕缕幸福的甜蜜。

只有正视自己、不断修正自己的人才能学会宽容，才能以宽容之心对待他人。

宽容是一种幸福的美；宽容别人不但自己轻松自在，别人也舒服自然。宽容是坚强的修身之道，是一种充满智慧的处世哲学。宽容别人其实就是幸福自己，多一点对别人的宽容，我们的生活就会多一点快乐的空间，幸福之路就会越走越宽。

学会爱别人，其实就是爱自己，爱的另一种体现形式就是宽容。常怀宽容之心，才有了海纳百川的广阔。宽容的爱如同阳光一样温暖每个人的心房。宽容可以化敌为友，宽容是永葆快乐健康的"法宝"。

有人向一位智者请教："被人伤害了该怎么办？""超越伤痛的唯一办法，就是原谅伤害你的人。"智者说。"这样，未免太便宜他了！"这人说。智者反问："你真的相信，自己气得愈久，对他的折磨就愈厉害？""至少我不会让他好过。""假如你抛给对方一袋垃圾，虽然给他了，但是你一样闻到了垃圾的臭味。"智者说，"紧握着愤恨不放，就像是自己扛着臭垃圾，这不是很可笑吗？以怨报怨，怨永远存在；以恨对恨，恨永远存在。而以宽容对怨，怨自然消失；以宽容对恨，恨自然消失。因此，一个人想报复别人，最终受到伤害的必然是自己，既然如此，何不更豁达一些、宽容一些呢？这样大家都会幸福。"

宽容是一首动听的歌，它能给人带来好心情。以宽容之心去包容仇恨，不幸便会远离。原谅别人的错误，你将会获得更多的快乐。你如果整天以仇恨的心对待别人，别人也会以同样的心态对你，你得到的是更多的仇恨和不幸；你如果能包容世间万物的缺陷，就会看到更多的笑脸，也会收获更多的幸福和快乐。

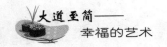

感激对手，敢于低头

感激对手，敢于低头，能把仇恨变成幸福的花，让别人愉快的同时自己也幸福。

有人问苏格拉底："你是天下最有学问的人，那么你说天与地之间的高度是多少？"苏格拉底毫不迟疑地说："三尺！"那人不以为然："我们每个人都几尺高，天与地之间只有三尺，那不是戳破苍穹？"苏格拉底笑着说："所以，凡是高度超过三尺的人，想长立于天地之间，就要懂得低头。"

这是多么智慧的领捂。自认怀才不遇的人，往往看不到别人的优秀；愤世嫉俗的人，往往看不到世界的美好；一个人只有敢于低头，感恩对手，才能够为别人的成功而欣喜，也才能品尝到属于自己的幸福。有些人为什么紧抓着过去的仇恨不放？为什么不能感恩对手？其实，宽恕可以将痛苦、仇恨转换成积极的情绪，从而使生活的幸福度提高。有时候，放弃进攻的言辞，放弃愤怒的冲动，放弃报复的渴望，这本身就是一种宽容。

我们周围有两种人，一种人经常仰着头，另一种人则懂得适时地低头。仰头的人时常以自我为中心，时时感觉自我良好而对别人怒目而视，他们体会不到友情的幸福；低头的人懂得别人比自己重要，他们以感恩的心体会幸福的生活，因此，他们在生活中不树敌。谦虚谨慎地低头不是妄自菲薄、卑躬屈膝，而是用感激生活、感激对手的感恩之心，将仇恨变成幸福的种子，并用谦虚谨慎的心态去浇灌，使之绽放幸福的蓓蕾。低头不是投降，它意味着共赢，能把头低下而不与趾高气扬的人较量，往往会萌生幸福的幼芽。

魏国边境靠近楚国的地方有一个小县，一个叫宋就的大夫被派往这个小县做县令。两国交界的地方住着两国的村民，村民们都喜欢种瓜。

有一年春天，两国的村民都种下了瓜种。不巧这年春天，天气比较干旱，由于缺水，瓜苗长得很慢。魏国的一些村民担心这样旱下去会影响收成，就组织一些人，每天晚上到地里挑水浇瓜。连续浇了几天，魏国村民的瓜地里，瓜苗长势明显好起来，比楚国村民种的瓜苗要高不少。楚国的村民看到魏国村民种的瓜苗长得又快又好，非常嫉妒，有些村民晚间便偷偷潜到魏国村民的瓜地里去踩瓜苗。

魏国村民气愤不已，跑到县令宋就那儿告状，嚷嚷着也去踩楚人瓜苗。

宋就忙请村民们坐下，对他们说："我看，你们最好不要去踩他们的瓜苗。"

村民们气愤至极，哪里听得进去，纷纷嚷道："难道我们怕他们

不成，为什么让他们如此欺负我们？"

宋就摇摇头，耐心地说："如果你们一定要去报复，最多解解心头之恨，可是，以后呢？他们也不会善罢甘休，如此下去，双方互相破坏，谁都不会得到收获，不如你们以感激他们的心态让他们知道他们做了不好的事，这样能把仇恨的种子变成幸福的花。"

"那我们该怎么做？"魏国村民们皱紧眉头问。

宋就说："你们每天晚上去帮他们浇地，结果怎样，你们自己会看到。"

魏国村民们按宋县令的意思去做，不久，楚国的村民发现魏国村民不但不记恨，反倒天天帮他们浇瓜，惭愧得无地自容。

这件事后来被楚国边境的县令知道了，便将此事上报楚王。楚王原本对魏国虎视眈眈，听了此事，深受触动，甚觉不安，于是，主动与魏国和好，送去很多礼物，并对魏国有如此好的官员和百姓表示赞赏。

可见，以宽容的魅力征服对方的心，这样于人于己都是幸福的。

"心至善，情至诚，志必坚"是做人的原则，但不是要事事与人争高下、较长短。一味的固执、一味的强硬，只会与人结怨，伤害自己也伤害别人，与幸福失之交臂。

每个人都会犯错，雨果在《悲惨世界》里曾经说过："尽量少犯错误，这是人的准则；不犯错误，那是天使的梦想。"

不要以为被别人挑战、为难的经历只有自己才有。对手有时不是给我们制造难题，而是在给我们机遇。所以，我们要学会以宽容之心，感激对手，适时低头。

幸福远比天地宽

很多人拥有金山般的财富，拥有他人无可企及的事业，可他们一点都不幸福、不开心，究其原因，他们已经在狭隘短浅的心灵中丧失了幸福的能力。幸福远比天地宽，一个人的心态决定了幸福的程度。

阿根廷著名的高尔夫球手罗伯特·德·温森多是一个非常豁达的人。有一次温森多赢得了一场锦标赛。领到支票后，他微笑着从记者的重围中走出来，到停车场准备返回俱乐部。这时候一个年轻的女子向他走来。她向温森多表示祝贺，然后说她可怜的孩子病得很重——也许会死掉——而她不知如何才能支付起昂贵的医药费和住院费。

温森多被女子的讲述深深打动了，他二话没说，掏出笔，在刚赢得的支票上飞快地签了名，然后塞给那个女子，说："这是这次比赛的奖金。祝可怜的孩子早点康复。"一个星期后，温森多正在一家乡村俱乐部进午餐，一位职业高尔夫球联合会的官员走过来，问他上一周是不是遇到一位自称孩子病得很重的年轻女子。"是停车场的孩子们告诉我的。"官员说。温森多点了点头，说有这么一回事，又问："到

底怎么啦?""哦,对你来说这是一个坏消息,"官员说,"那个女子是个骗子,她根本就没有什么病得很重的孩子。她甚至还没有结婚哩!你让人给骗了!""你是说根本就没有一个小孩子病得快死了?""是这样的,根本就没有。"官员答道。温森多长出了一口气,说:"这真是我这一个星期以来听到的最好的消息。"

美国教育者威廉·菲尔说:"真正的快乐,不是依附在外在的事物上。就像池塘是由内向外满溢的,你的快乐也是从内在思想和情感中泉涌而出的。因此,你希望获得永恒的快乐,就必须培养你的思想,以有趣的思想和点子装满你的心,因为,用一个空虚的心灵寻找快乐,所找到的也只是快乐的替代品。"

普希金的抒情诗《假如生活欺骗了你》的最后一句是:"一切都是瞬息,一切都将会过去;而那过去了的,就会成为亲切的怀恋。"当一个人遇到挫折时,切勿浪费时间抱怨自己的不幸;相反地,应该知道幸福的天地非常宽广,可以任由自己驰骋。

一个长相俏丽的女人轻生,跳进了河里,被正在河中划船的老艄公救上了船。艄公问:"你年纪轻轻的,为何寻短见?"

女人哭诉道:"我结婚两年,我爱我的丈夫,我的丈夫却抛弃了我。你说,我活着还有什么乐趣?"

艄公又问:"两年前你是怎么过的?"

女人说:"那时候我自由自在,无忧无虑。"

"那时你有丈夫吗?"

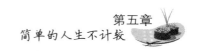

"没有。"

"那么，你不过是被命运之船送回到了两年前，现在你又自由自在，可以在无忧无虑的宽广天地中生活了。"

女人听了艄公的话，心里顿时敞亮了，她告别了艄公，脚步轻快地跳上了岸。

许多事情，总是在经历过以后才会懂得什么是真正的幸福；痛过了之后才会慢慢地认识自己，才会懂得如何保护自己。其实，生活中的幸福很多，并不需要一些无谓的执着，也没有什么不能割舍。

学会选择和放弃，会更容易得到幸福。不放下过去的伤痛，就永远无法尝试新的快乐，也就无法面对新的选择和新的幸福。

幸福源于信任

　　鲁迅说过："怀疑并不是缺点；总是疑，而并不下断语，这才是缺点。"本杰明·富兰克林说过："如果你老是抬杠、反驳、怀疑，也许偶尔能获胜，但那只是空洞的胜利，因为你永远得不到对方的好感。"可见幸福的生活源于彼此的信任。

　　有一个在沙漠中徒步行走的人，忽然遭遇了沙暴的袭击而迷失了方向。在茫茫沙漠中，怎么走都走不出去，水和食物都消耗完了。他疲惫不堪，饥渴难耐，似乎离死亡只有一步之遥了。但在第二天中午，他在沙漠的凹陷处的一个洞穴里遇上了一个和自己同样遭遇的人，那人告诉他自己是半年前被困在这儿的，想要向他人求救，却没有一个人出现。这次，他们俩能碰见，真是万幸，虽说没有被救，但在这人烟稀少的地方，两个人总比一个人能更好地生存下去。很快，他们俩成了心心相印的好朋友，有什么话，都向对方倾诉。他们分工明确，白天的时候，一个人去找水和食物；到了晚上，另一个人准备行装和点火，随时找机会离开这里。可是很快一年过去了，还是没有

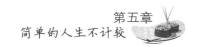

任何获救的希望。

一天凌晨，其中一个人出去找食物，一直没有回来，而另一个人正在焦急等待的时候，忽然耳边传来一阵车声。他立即起身，奔向洞口，果然在沙漠的尽头，有一个车点在移动。他异常兴奋，大声地呼喊着，车上的人似乎听到了他的呼喊，向这边驶了过来。终于车子来到了他的面前，车上的人见到他，让他坐上车子，准备带他离开这片没有人烟的茫茫沙漠。但他没有立即走，而是双眼直直地盯着沙漠的另一端。车上的人问他为什么不走，他说，他在等他的朋友，他相信他的朋友一定会活着回来。果然第二天在太阳快要落山的时候，他的朋友拖着疲惫不堪的身子回到了洞口，当朋友知道自己得救了时，激动地泪流满面，他说他在沙漠的另一端遇到了沙尘暴，拼死保护住了自己，终于熬了出来。

车子带着他俩驶出了沙漠。后来当别人向他问起这件事，问他为什么相信那个人一定会活着回来时，他说：因为信任，因为他相信他的朋友一定会回来的。

信任是交往的前提。信任是人与人相处、合作的基础。不可否认，我们需要对一些事、一些人持有一些怀疑，但怀疑是为了不让自己"栽跟头"，避免上当受骗。如果怀疑过头，就是对自身的一种伤害了，因为疑虑太多，人往往会吃不好饭、睡不好觉，形神俱疲，这样怎么能体会到信任的幸福感呢？

三国时的曹操生性多疑，时时感觉有人要暗算自己，以致睡觉都

是处于半睡半醒状态，身边一有风吹草动，定要挥剑杀人。一代枭雄活成这样到底是幸福还是不幸？

小王生性敏感。在同事们交头接耳热聊时，如果有人无意瞥了她一眼，她就要怀疑众人正在说她的坏话，或者议论与她有关的事。于是她就不舒服起来，时时将这事挂在心上且满脸的不高兴。她脾气火爆，经常无缘无故地和别人起争端，同事们对她避犹不及，她认为自己从来没有幸福的快乐感。孰不知，"疑心生暗鬼"是她不幸福的根源。

我们身边确实有这样的一些人：因为怀疑，他们的心情总不顺畅；因为怀疑，他们坐卧不安，好像所有的不幸都会降临在自己身上；因为怀疑，他们无法安心工作，无法品尝友谊的甜美；因为怀疑，他们将幸福阻隔得越来越远。

因为怀疑，他们难免会说一些难听的话，做一些不理智的事，让大家都不愉快。当他们看他人小声耳语时，就认定他人是在说自己坏话；当见有人热情与自己打招呼时，就觉得对方居心不良；当他人慰问自己的不幸时，就怀疑对方的用心是否纯正；当见他人神色紧张时，就怀疑他人背叛了自己……

怀疑别人说话的可靠度，怀疑某桩生意的可行性，怀疑某人举动的善恶，有时的确可以帮助我们少走弯路，少"栽跟头"，少留遗憾或悔恨。但是，如果我们把怀疑上升到无孔不入，以致困扰自己的生活、交际、工作，生活就会感觉不堪重负了。

一位男士总怀疑自己的女友背着自己与其他男性关系密切。他先是盗取了女友的 QQ 密码，登录细查网上这些男性与女友的聊天记录，后来又到电信局打出女友所有的通话记录和短信记录。他终于发现了一条暧昧短信，就此认定女友与此人关系不一般。于是，他办了一个另外的手机号以女友的口吻与对方聊起来。后来女友得知此事忍无可忍提出分手。此时，他更是认定女友移情别恋了，非要女友回心转意不可，最后，他以再也不怀疑女友为承诺，暂时保住了这段爱情。可是没过几天，他的毛病又犯了，有一次竟跟踪自己的女友，躲在一旁监视她，弄得女友无法和客户进行正常的业务往来。女友无论如何也不愿意再跟他在一起了，她对他说："原本我对你是真心的，但你的怀疑教会了我重新审视自己的爱情。"就这样，这段原本可以很幸福的爱情却因男士的多疑而告终。幸福断送在疑心里，想来真是悲剧！

如果说信任是人际交往中的"润滑剂"，那么猜疑就是隔在彼此间的"毛玻璃"。生命中值得我们做的事情太多了：可以跟爱人一起去散步，与亲人享受一顿丰盛的晚餐，与孩子去游乐场享受天伦之乐，或学习一项新技能，让自己充满成就感……

阿布·卡恩说过："信任就像一根细丝，弄断了它，就很难把两头再接回原状。"一个人能被他人相信是一种幸福。他人在绝望时想起你、相信你，就是你的一种幸福。信任是一种伟大的力量，也是快乐的密码。

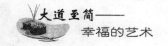

也许，几句坦诚的话语，便能打开一扇紧闭的心门，不管在生命的哪个阶段，你能拥有的最好的幸福就是彼此的信任。猜忌、怀疑是幸福的"毒素"，无声无息却充满负面的能量，足以销蚀人的幸福感。

攀比是幸福的"绊脚石"

常有人感叹活得真累，精神上的压力很大，心理的负担很重。为什么他们会有如此感觉呢？原因不一而足，但其中一点就是让攀比成了幸福的"绊脚石"。在长期的攀比中，他们早已忘记幸福为何物、快乐为何物了。

盲目的攀比让人无法得到幸福：爱攀比的人计较与他人合作完成的项目，为什么老板夸赞别人多于自己；计较为什么自己付出了那么多，得到的薪酬却比别人少；计较同事为什么比自己强，得了自己的"好处"却不照顾自己……

攀比是幸福的"绊脚石"，有时你越是拼命想追求某样东西，它越是容易从你的手中滑落，因此，只有不盲目攀比并且脚踏实地地生活，才会享受到意想不到的收获和惊喜。不攀比不仅会让自己心胸豁达，也能和别人和睦相处。

人最大的敌人其实是自己，和别人比不如和自己比。不要总拿别人的标准来衡量自己，每个人都有自己的人生轨迹，努力了就好！

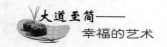
"人心不足蛇吞象"，放纵自己与别人盲目攀比，最终会失去真正的幸福！很多人都希望自己能够取得应有的荣誉，但人与人的贡献大小有别，总有人榜上无名、难以如愿。因此，如何看待荣誉，如何看待得失，如何不迷失在盲目的攀比嫉妒心中非常重要。人只有拥有健康的"比较"心理，才会产生积极向上的动力，乐观地享受生活。

平和是战胜盲目攀比的利器。平和的心灵能厚德载物，推功揽过，能屈能伸。平和的人不与人攀比，他们"猝然临之而不惊，无故加之而不怒"；他们"居轩冕之中，不忘山林之味；处林泉之下，须怀廊庙之经纶"；他们身心自在，不被忙碌所困扰，能享受生活的乐趣；他们有自己的一片幸福天地，不在盲目的攀比中迷失幸福的路标。心态平和，不盲目攀比，是一种高尚的人生修养。

桌子上有一堆苹果，人们并不在意这堆苹果有多少，而是在意分到自己手里的有多少；单位有一摊子事，人们并不在意这摊子事有多少，而是在意自己干了多少。人有大智慧，却因为攀比，最后都变成了"小聪明"。

平和的心灵就像生命巨画中简单的几笔线条，有着疏疏朗朗的淡泊；就像生命意境中的一轮明月，有着清清凉凉的宁静，有着令人回味无穷的韵味。因此，天地间有幸福，于平和处得；人生有大疲惫，只因藏攀比。

经得起委屈，享得了幸福

人生在世，注定要受许多委屈。受了委屈不是不幸，而恰恰是幸福的起点。因为，人经得起委屈，才有弃旧图新、自励自强的勇气；人经得起委屈，才能有意识地超越自我，有追求幸福的动力；人经得起委屈，才有可能收获进步的快乐。

委屈多了不可怕，只要学会一笑置之，就能在委屈中成长，锻炼自己感知幸福的能力。经得起委屈的人会勇敢地主动面对不利，他们不会抱怨，不会争强好胜，而是忙着为脚下幸福的前程努力。人生应该是一个经得起委屈的人生，一场经得起委屈的考验！经得起委屈的人，才会享受幸福的甜蜜。

生活中这样的场景你熟悉吧：

大雪纷飞的冬天，山谷中雪花落满了雪松的枝丫，每当积雪达到一定的程度时，雪松富有弹性的枝条就会慢慢向下弯曲，直到积雪从树枝上一点一点滑落。这样雪反复地积，枝条反复地弯，雪反复地滑落……风雪过后，雪松完好无损地迎来了又一个春天。

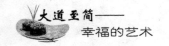

一棵小草压在一块巨石下面，为了呼吸新鲜的空气，享受那温暖的阳光，小草改变了生长的方向，沿着巨石的一侧弯弯曲曲地探出了头，终于冲出了巨石的阻隔，看到了明朗的天空，沐浴到了明媚的阳光。

瞧，连自然界中的植物也在巧妙地实践着这个真理。当我们像雪松那样在大雪的重压下暂时委屈地低一下头，我们就不会被压垮；当我们像小草那样在大石挡道时先委屈一下灵活地拐个弯，我们就能更好地成长。经得起委屈不是妥协，而是战胜困境的一种理智选择；经得起委屈不是倒下，而是为了得到更好的幸福生活；经得起委屈不是毁灭希望，而是退一步给自己另一片海阔天空的辽阔。

"低头的是稻穗，昂头的是稗子。"越成熟饱满的稻穗，头垂得越低；只有那些稗子，才会显摆招摇，始终把头抬得老高，可它们依然摆脱不了最终被舍弃的命运。经得起委屈，是一种追求幸福的态度；经得起委屈，能从人生的苦难中品尝到幸福。

所以，别再为小小的委屈难过了，人生注定要受许多委屈，这样才能最终享得了幸福的甜蜜。一个人越是想要成功的幸福，他所遭受的委屈注定越多。人要使自己的生命更精彩，就不能太在乎受委屈。

宋朝的吕蒙正被皇帝任命为宰相。他作为宰相第一次上朝时，忽然听到人群里有人大声讥讽他说："哈哈哈，这种模样的人，也能入朝为相啊！"吕蒙正好像没有听见一样，继续往前走。然而，跟随在他后边的几个官员却为他鸣起不平来，拉住他的衣角，非要帮他查查到底是谁竟然如此大胆，敢在朝堂上讥讽刚上任的宰相。吕蒙正推开众人，说："谢谢大家的好意。我为什么要知道是谁在说我呢？这点委屈都经不起，何以为相？"

吕蒙正身为一代名相，经得起委屈，放得下荣辱，留下了传世美名。

经得起委屈是人生的需要。人能屈能伸才更有可能得到人生的幸福。经得起委屈的人懂得隐忍，知道宽容的益处，能从委屈中不断进步。

曾经有位画家，一直想画出人人见了都称赞的画。经过几个月的辛苦工作，他把画好的作品拿到市场上，在画旁放了一支笔，并附加了一条说明：如果你认为哪里欠佳，请在画中标上记号。

晚上，画家把画拿回家后仔细一看，发现整幅画没有一笔不被标上记号的，画家十分不快。他决定换个方式再试一次，于是他临摹了一幅相同的画，这次他要求观赏者将其最为欣赏的地方标出记号。结果，所有的地方也都画上了标记。

这时，画家明白了一个道理：其实画什么，都会有人觉得不好，但同时也会有人觉得好；不可能所有人都说差，但是也不可能让所有人都满意。有些人反感的东西在另一些人眼里恰恰是美好的。所以，我们无论做什么事，都不可能使每个人都满意，也就更没必要去争取所有的人对自己满意。

李开复说："如果你将价值目标定义为让所有人都满意，那你将

一事无成；如果你将它定义为只求自己满意，那你将无事可做。"

　　一个再好的厨师做出的菜也不可能让所有的人都满意，因为有人喜甜有人喜辣，众口难调。人要幸福，既要经得起委屈，又不能盲从或让步，这才是有大智慧的人的生活态度。

斤斤计较不幸福

一个人在生活中整日计较，怎么会有心情享受生活的美好？斤斤计较的人干什么都不顺心，看什么都不顺眼，于是，他们感受不到幸福，痛苦反倒每日"疯长"。

人生苦短，经不起斤斤计较地耗费生命，一个人来这个世界不是来斤斤计较的，而是来享受世界上一切美好事物的。大度点、"糊涂"点、无所谓点，多去关注那些值得我们关注的事情，多去体会那些能让我们快乐的感觉，多去忽略那些会让我们痛苦、郁闷的事，你会发现，原来生活这么幸福。

水至清则无鱼，人至察则无徒。别人或许不经意间做了一件让你很气愤的事情，但你何必斤斤计较？即便斤斤计较又能怎样？事情已经过去，何必因斤斤计较让自己失去风度？倒不如大度地一笑了之。宽容之心其实不是宽容别人，其目的是让自己幸福。不斤斤计较，也就放过了自己。

许多人都在刻意追求所谓的幸福。有的人斤斤计较于一得一失，

其代价却巨大无比——他们失去了朋友、真情、爱心、幸福……一个人快乐，不是因为他拥有的多，而是因为他计较的少。一个人如果不能容忍别人的缺点，那么也就无法与人和谐相处；如果一个人总是以斤斤计较的眼光看待世界，世界无处不是残破或不幸的。人不斤斤计较不一定会失去，斤斤计较也不一定会拥有。因此，放弃斤斤计较，豁达地面对世界，放下私心，会让心灵更有幸福感。

一个人指着几十盆青松要别人辨认出哪些是真松、哪些是假松。有个人很快辨出了真假，旁人问其原因，他说："这很简单，只要细看枝叶，凡有小虫眼儿的，一定是真松。"这就叫"无疵不真"。

辨物如此，识人也一样。

人无完人，所以，不要斤斤计较，苛求别人的完美。你斤斤计较于别人是否完美，别人也会斤斤计较于你是否完美，这样本来可以很融洽的关系就会在斤斤计较中变得冷若冰霜，睚眦必报。

求全责备是人的大忌，对人对事过于斤斤计较，力求"完美"，这种态度会压抑人的幸福，阻碍生活中的阳光。生活中常会遇到一些不如意的事情，如果斤斤计较于此情此景，总将眼光盯着痛处，盯着黑暗，自己就看不到光明，也不会感受到幸福。

有一位女子婚后总感到不幸福，她用各种理由在父母面前诉说丈夫的不是。父亲听完后连连摇头，他拿出一张白纸在上面画了一个黑点，然后问女儿："你看，这是什么？"女儿答道："黑点。"

"你再仔细看看。"

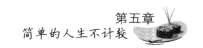

女儿仍是回答："还是黑点呀。"

父亲说："难道除了黑点，你就没看见还有这么大一张白纸吗？别斤斤计较于这个黑点，好好看看这张白纸。"

女儿点了点头，神情有些茫然。

回到家中，女儿仍然在想白纸与黑点的事情，后来她从中领悟到了一个道理：斤斤计较不幸福。

这位女子慢慢发现自己的丈夫有许许多多的优点，这时她才意识到自己原来感到不幸福是因为太斤斤计较，并不是丈夫不好，而是自己的眼睛里看到的只是丈夫的缺点，而看不到丈夫的优点。

与其斤斤计较于生活中的"黑点"，不如好好在生活的"白纸"上寻找幸福。

有一天，一位法师到了一个地方，正要开门进去，却没有想到迎面撞进了一位彪形大汉。由于这位大汉使的力气过猛，只听"嘭"的一声，他正巧碰到了法师的眼镜上，眼镜又把法师的眼皮碰青了，然后掉在地上，镜片摔得粉碎。这位满脸络腮胡的大汉却没有丝毫愧疚的表情，反而理直气壮地说："谁叫你戴眼镜的？"法师并没有和那位大汉讲什么道理，而是以微笑来回报他的无理。大汉心里觉得挺奇怪，于是就问："喂！法师，我把你的眼镜碰碎了，你为什么不生气？"

法师微微一笑，说："我为什么要生气呢？生气只会把事情闹大而已。如果我生气，和你斤斤计较，打斗动粗，仍然不能把事情化解，也不能使破碎的眼镜复原，又不能让脸上的瘀青立刻消失。所以

我认为不值得和你斤斤计较。"

伏尔泰曾一针见血地指出:"使人疲惫的不是远方的高山,而是鞋子里的一粒沙子。"

生活中常常困扰你的,不是那些巨大的挑战,而往往是一些琐碎的小事。虽然这些琐事微不足道,但斤斤计较却能消耗一个人极大的精力。在我们平时的人际交往中,误解和矛盾是不可避免的事情。因此,我们在遇到这些事情的时候,不要一味地斤斤计较。人生要想得到快乐,就要学会不因为一点小事而影响了原本不错的心情。人生短暂,斤斤计较是在浪费幸福的时光。

善待自己，

用心经营幸福

第六章

知足常乐，幸福会不期而至

腰缠万贯的富翁有时会羡慕那些粗茶淡饭的老百姓，可是平民百姓没有一个不期盼来日能出人头地的；拖家带口的人羡慕独身者的自在洒脱，而独身者却又对儿女绕膝的天伦之乐心向往之……一个人要懂得知足感恩，知足才能让幸福如约而至，感恩才能珍惜自己的所有，做到常乐无忧。

天使遇见一个诗人。诗人年轻、英俊、有才华且富有，他的妻子貌美而温柔，但他过得不快活。天使问诗人："你不快乐吗？我能帮你吗？"诗人对天使说："我什么都有，只欠一样东西，你能够给我吗？"天使回答说："可以。你要什么我都可以给你。"诗人直直地望着天使说："我要幸福。"

这下子把天使难倒了，天使想了想，说："我明白了。"然后天使把诗人所拥有的都拿走了。天使拿走诗人的才华，毁去他的容貌，夺去他的财产和他妻子的性命。天使做完这些事后，便离去了。

一个月后，天使再次回到诗人的身边。诗人此时饿得半死，衣衫

褴褛地躺在地上挣扎。天使把从他身边拿走的一切还给他，然后离去了。半个月后，天使再去看望诗人。

这次，诗人搂着妻子，不住向天使道谢，因为，他感受到幸福了。

人不应执着于外物而急功近利，要想幸福，就要学会知足常乐，即便付出了真情却没有收获，也不要心怀怨恨，诅咒他人及这个世界。

世界上最著名的大科学家居里夫妇，对大多数人所积极追求的名声、富贵或奢华都看得非常淡。居里夫妇在发现镭之后，世界各地纷纷来信希望了解提炼镭的方法。

居里先生平静地说："我们必须在两种决定中选择一种。一种是毫无保留地说明我们的研究成果，包括提炼方法在内。"居里夫人做了一个赞成的手势说："是，当然如此。"

居里先生继续说："第二个选择是我们以镭的所有者和发明者自居，但是我们必须先取得提炼铀的沥青矿技术的专利执照，并且确定我们在世界各地造镭业上应有的权利。"取得专利代表着他们能因此获得巨额的金钱，过舒适的生活，还可以留给子女一大笔遗产。居里夫人听后却坚定地说："我们不能这么做。如果这样做，就违背了我们从事科学研究的初衷。"

居里夫妇轻而易举地放弃了唾手可得的名利，依然过着自己简单而幸福的生活。

淡泊名利、无求而自得，是一个人幸福生活的源泉。能够让人迷失自己的幸福的，往往是对金钱和物质利益的追求。如果你不知足，沉湎于功名富贵，就会有无尽的烦恼。欲壑难填的人是不会有快乐的。有时人所拥有得越多，越不知足，就越容易把幸福隔绝得越来越远。

欲望就如同白纸上的一个圆，画得越大，见识越多，经历越多，欲望也就越多，而能守住的幸福快乐，却越来越少……人生最大的烦恼是从没有意义的比较开始的，大千世界总是有人会比你强，所以知足常乐，幸福就会不期而至；如果永不满足，就很难幸福。

老子说："后其身而身先，外其身而身存。不以其无私邪？故能成其私。"意思是说：把自身利益摆在最后，反而能领先得到利益；把自己的生命置于度外，反而得以保全自身性命。这不正是因为无私吗？无私能成就一个人的自我幸福。

也许有人会说：谁没有私心？一心为公、一点私心杂念也没有的人是没有的。是的，私心每个人都会有，但老子提倡的先人后己、先公后私、知足常乐，绝非只顾他人而不顾自己，而是一个度和先后顺序的问题。知足常乐，是一种健康的心态。

私心越重的人，人际关系越糟糕，因为朋友会厌弃他，同事会冷落他，甚至亲人也会背离他，不管他在利益方面的收获是大是小，生活在一个冷冰冰的人际环境中，他必然会感到孤独、压抑，那还有什么幸福可言呢？

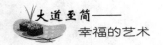

　　有一组曾获世界大赛金奖的漫画是这样画的：第一幅是两个鱼缸里对望的鱼，第二幅是两个鱼缸里的鱼相互跃进对方的鱼缸，第三幅和第一幅一模一样，换了鱼缸的鱼又在对望着。这组漫画题名为"幸福"，你是否悟出了其中的深意？

　　诗人卞之琳写道：你站在桥上看风景，看风景的人在楼上看你。每一个人都有自己幸福的风景，排除私心杂念，保持心灵的宁静，知足常乐才能幸福。

用心工作是一种幸福

约翰·富兰克林·斯密斯教授 50 岁退休后，无法忍受离开学校、离开学生的生活，向学校申请了一份清洁工作，每天和拖把、扫帚、抹布、水桶打交道。他兢兢业业地又工作了 15 年，65 岁退休。当记者问他：当教授和做清洁工，哪项工作更使你满意？他回答说：在人生的每个年龄阶段，都应该去寻找适合自己的工作，当教授或做清洁工，只要工作着，就是快乐的。

许多人只是把工作当作一种挣钱养家糊口的手段，其实工作有一种更加重要的意义，那就是实现个人价值、取得幸福，一个人在为社会做贡献的同时，内心也得到了极大的满足。一个人活着，工作是必不可少的，工作是人与生俱来的权利，也是人的天职。工作能让人摆脱心灵空虚，获得精神的满足。工作是医治心灵空虚的良药，是最有效的精神滋补剂。人生在世就应有所作为，人与生俱来的职责和使命可以通过工作来实现。

工作着的人是幸福的，这种幸福不是来源于工作能为人带来多少

财富，而是来源于人对事业的追求。一个人珍惜自己的工作，追求自己的事业目标，才能受到社会的尊重，才能在被别人重视的过程中感受到快乐。

工作能够使人感受到生命的意义；工作能够让黯淡无光的生活大放异彩；工作能够提升人的社会责任感、自我尊严感和成就感，也是实现个人理想的有效途径。

有一位高级酒店的保洁员，她工作时脸上总带着灿烂的笑容，散发出内心的快乐。一次，她遇到了一个打听另一家酒店的外国客人，她详细地告诉客人并把客人送出酒店门口。在外国客人致谢道别之际，她很有礼貌地回应："不客气，祝你顺利地找到那家酒店。"接着她补充了一句："我相信你一定会很满意那家酒店的服务的，因为那儿的保洁员是我的徒弟！""太棒了！"那个外国人笑了起来，"没想到你还有徒弟！"这位保洁员的脸上露出了幸福的微笑："是啊，我做这个工作已经做了15年，带出了很多优秀的徒弟，我非常幸福。"

这个外国人非常疑惑，于是问道："这样的工作也能让你幸福？"这位保洁员笑着说："我的工作给了我生活保障，给了我乐趣，我当然幸福了。"正是出于对工作的感激之情，这位保洁员的内心才如此的幸福和自豪。

是的，如果一个人有积极的生活态度，那么他在得到了一份稳定的工作之后一定会非常高兴，一定会善待这份工作。他不会抱怨工作是高贵还是低贱，也不会因工作中的劳累、烦恼而生气，而是会快乐地体会工作中的乐趣。

人生的真正意义，不是在忙碌的工作中抱怨做不完的事情而牢骚满腹，而是为了在工作中享受挑战的乐趣，实现自身的价值，用工作冲洗掉烦恼和愤懑。人只要努力工作，就一定会从中享受到工作带来的幸福和快乐。

Ａ和Ｂ大学毕业后被同一家酒店录用，他们都满怀信心地憧憬着自己幸福的未来。Ａ的幸福观就是在酒店得到白领级别的待遇，坐在宽敞的办公室，月月高收入，年年有提拔，成为这家酒店的精英一族：第一年坐上主管的位子，第二年升迁为总经理，第三年进董事会。Ｂ很务实，他的梦想就是让自己能胜任现在的工作，并在这家酒店稳定下来。Ａ对Ｂ的这点"出息"嗤之以鼻，心想这也叫幸福？可结局怎样呢？Ａ连试用期都没过就打包走人了，Ｂ却留了下来，经过几年的发展，竟然有了Ａ曾经梦想的一切。

石油大王洛克菲勒在给儿子的信中说："加薪与升迁的机会总是留给那些努力工作的雇员。他们劳苦工作的最高报酬在于使工作的热情得以持续下去，并让自己的内心世界充实，这比只知敛财的欲望更为高尚。他们在从事一项迷人的事业中获得了幸福。"

用心工作吧，让内心充满快乐和满足，这是一种难得的幸福。人的一生需要不断追求，不断实现自己憧憬的价值，这是幸福的真谛。从起点跑到终点，人的一生，也许就在用心工作中得到了幸福。

享受你所拥有的快乐生活

　　享受你所拥有的快乐生活，以平常心享受生活中的每一种情趣。也许你不拥有天生丽质，但你可以拥有睿智的思想；也许你不拥有雄辩的口才，但你可以拥有独特的人格魅力。享受你所拥有的快乐生活，便可在自己的内心拥有一片多彩的天地，从而多一些知足，少一些贪欲；多一些从容，少一些失落；多一些沉静，少一些浮躁；多一些快乐，少一些烦恼，把自己由一个热爱生活的人变成被生活所热爱的人。

　　"享受你的生活，不要与别人比较。"人最大的不幸，就是不知道自己是幸福的。当凝视这些我们无法实现的梦想，眺望这些我们无法达到的目标时，是否应该以一颗平常心去看待我们追求过程中的得与失？

　　人就这么一生，不要去过分地苛求，不要有太多的奢望。幸运地拥有生命，拥有健康的体魄，在快乐的心境中做自己喜欢做的事情，这就是人生最大的幸福。

　　玛丽整理旧物时偶然翻出几本过去的日记。日记本的纸张有些发黄了，字迹透着年少时的稚嫩，她随手拿起一本翻看。"今天，老师公布了期末成绩，这是我入学以来第一次没有考好。我难过地哭了，我要永远记住这一天，这是我一生中最大的不幸和痛苦。"

　　看到这里，玛丽自己忍不住笑了：自离开学校后这十几年所经历的失败与痛苦，哪一个不比当年没有考第一更重呢？为什么当时觉得这是天大的不幸？

　　玛丽翻过这一页，继续往下看。"今天，我非常高兴。妈妈对我太好了，我是最幸福的孩子！"看到这里，玛丽不禁有些惊讶，努力回忆当年，妈妈做了什么事让自己那么幸福？

　　玛丽又翻了几页，记的都是些现在看来根本不算什么事，可在当时却感到"非常难过"、"非常痛苦"或是"非常不幸"的事，看了不禁觉得好笑。玛丽放下一本又拿起另一本，翻开，只见扉页上写道："献给我最爱的人——你的爱，将伴我一生！我的爱，永远不会改变！"看到这一句，玛丽的眼前模模糊糊地浮现出一个男孩的身影，曾经以为他就是自己的全部生命，可是离开校门以后，他们就没再见过面。她也曾经在不幸中挣扎，不过现在一切都释然了。

　　是的，我们曾经以为不可改变的不幸和痛苦，许多年后就会发现，也许这是另一种幸福的回忆。很多事情会随着时间、环境改变，而不变的是我们自己追求幸福美好的心态！

　　好景不常在，好花不长开。幸福就是享受你所拥有的快乐生活，

好好地去珍惜它、善待它、把握它！幸福就是珍惜、珍重、珍藏你生命中的每个人，尤其是你自己！

在智者的眼中，人间琐事没有放不下的，他们会快乐着自己的快乐，幸福着自己的幸福。快乐不应该成为目标或争取的目的，人越是刻意追求它，反而越是得不到，当你不去在意它时，它却反而会在你眼前出现。

人对于大千世界来说，不过匆匆一过客。你是否把幸福和快乐当成了目标？

生活需要人们不断地去学会感受幸福，学会制造快乐。

一对青年男女步入了婚姻的殿堂，甜蜜的爱情高潮过去之后，他们开始面对日益艰难的生计。妻子整天为缺钱而忧郁不乐，他们需要很多很多的钱，1万，10万，最好有100万。可是他们的钱太少了，少得只够维持最基本的日常开支。丈夫却是个很乐观的人，他不断寻找机会开导妻子。

有一天，他们去医院看望一个朋友。朋友说，他的病是累出来的，他常常为了挣钱不吃饭不睡觉。回到家里，丈夫问妻子："假如给你钱，但同时让你跟他一样躺在医院里，你要不要？"妻子想了想，说："不要。"

过了几天，他们去郊外散步。他们经过的路边有一幢漂亮的别墅，从别墅里走出来一对白发苍苍的老者。丈夫又问妻子："假如现在就让你住上这样的别墅，同时变得跟他们一样老，你愿不愿意？"妻子不假思索地回答："我才不愿意呢。"

他们所在的城市破获了一起重大团伙抢劫案，这个团伙的主犯抢劫现钞超过 100 万，被法院判处死刑。罪犯押赴刑场的那一天，丈夫对妻子说："假如给你 100 万，让你马上去死，你干不干？"妻子生气了："你胡说什么呀？给我一座金山我也不干！"丈夫笑了："这就对了。你看，我们原来是这么富有：我们拥有生命，拥有青春和健康，这些财富已经超过了 100 万，我们还有靠劳动创造财富的双手，你还愁什么呢？"妻子把丈夫的话细细地咀嚼品味了一番，也变得快乐起来。

是啊，人生的财富不仅仅是钱财，它的内涵很丰富，除了钱财之外还有很多很多。根据自己的情况，寻找属于自己的幸福和快乐才是真实的。

当年，哈里·杜鲁门首次参加竞选并一举成功，成为美国总统。乡亲们兴奋地向他的母亲祝贺："太好了！您真应该为有这样的孩子而自豪！"他的母亲微笑着平和地说："我还有一个同样值得自豪的孩子，他正在地里收土豆。"

在一个幸福的母亲眼里，正在地里收土豆的孩子与当上总统的孩子没有什么两样，同样值得自豪。她为自己拥有两个自由自在过着各自的生活、自食其力的孩子而高兴。她快乐着自己的快乐，幸福着自己的幸福。

冰心说："我只知道，我的生活是美好的，理想是伟大的，爱情

是不朽的，工作是快乐的，无论何时何地，我都会拿出幸福的心情，找个理由与生活干杯。"

有一条河隔开了两岸，此岸住着村民，彼岸住着僧人。村民们看到僧人们每天无忧无虑，只是诵经撞钟，十分羡慕；僧人们看到村民们每天日出而作，日落而息，也十分向往那样的生活。日子久了，他们都各自在心中渴望着到对岸去。终于有一天，村民们和僧人们达成了协议。于是，村民们过起了僧人的生活，僧人们过上了村民的日子。没过多久，成了僧人的村民们就发现，原来僧人的日子并不好过，悠闲自在的日子只会让他们感到无所适从，便又怀念起以前当村民的生活来。成了村民的僧人们也体会到，他们根本无法忍受世间的种种烦恼、辛劳和困惑，于是也想起做僧人的种种好处来。又过了一段日子，他们各自心中又开始渴望着：到对岸去。

这个故事特别能诠释有些人因为不会快乐着自己的快乐，幸福着自己的幸福而导致的悲剧。一个人的一生，可以有轰轰烈烈的辉煌，但更多的是平平淡淡的静美，所以快乐着平常中的快乐，幸福着平淡中的幸福，才是最真实的。

其实，在任何地方、任何时候，人都可以获得幸福的活力，这取决于人自己的心态而不是外界因素。

幸福的法则是爱

生活有很多种方式，制造惊喜能使生活别有情趣。这个惊喜不一定是物质层面的东西，像每天多花些时间和家人、孩子在一起，和一个久别重逢的朋友促膝谈心，喝一杯香醇浓厚的咖啡，同样可以感到幸福。

幸福的法则是爱，是人人为我、我为人人的无私奉献，只有时间能证明爱可以给予我们幸福的回报。许多人从帮助别人的过程中得到了快乐和幸福。爱是能带给人们幸福感的直接方式，但爱也是有条件的。请看下面的故事：

从前有一个小岛，上面住着快乐、悲哀、知识和爱，还有其他各类情感。一天，情感们得知小岛快要下沉了，于是，大家都准备船只，打算离开小岛。只有爱留了下来，她想要坚持到最后一刻。过了几天，小岛真的要下沉了，爱想请人帮忙。这时，富裕乘着一艘大船经过小岛。

爱说："富裕，你能带我走吗？"富裕答道："不能，我的船上有

许多金银财宝，没有你的位置。"爱看见虚荣在一艘华丽的小船上，说："虚荣，你帮帮我吧！""我帮不了你，你全身都湿透了，会弄坏了我这漂亮的小船。"悲哀过来了，爱向她求助："悲哀，让我跟你走吧！""哦……爱，我实在太悲哀了，想自己一个人待一会儿！"悲哀答道。这时快乐走过爱的身边，但是她太快乐了，竟然没有听到爱在叫她！突然，一个声音传来："过来！爱，我带你走。"这是一位长者。爱大喜过望，竟忘了问他的名字。

登上陆地以后，长者独自走开了。爱对长者感恩不尽，问另一位知识长者："帮我的那个人是谁？""他是时间。"知识长者答道。"时间？"爱问道，"为什么他要帮我？"知识长者笑道："因为只有时间才能理解爱有多么伟大。"

可见，不管幸福的方式是什么，都要经得起时间的考验和岁月的磨砺。

有匹马烈得要命，想靠近它很不容易，更不用说驯服和骑它了，如果谁敢贸然向它走去，它不是咬就是踢，叫人不寒而栗。有一天，烈马跌入泥潭中，几个牧民幸灾乐祸："淹死它才好呢！"这时，有个牧马人走上前去，把烈马从泥潭中救了出来，然后用心为它擦洗全身并把它拴在马桩上。烈马皮毛上的水渐渐晒干后干痒难忍，牧马人又用梳子给烈马梳刷全身。烈马感到十分舒适，对牧马人服服帖帖。牧马人又给它喂了上等的草料和水，精心照顾它。慢慢地，烈马温顺地能听他的话了，以后成为草原上最驯服、最出色的坐骑。

对待烈马，要使其驯服，须给予关怀和爱护。人也一样，生硬冷漠，对他人毫无爱心，自己和别人都不会幸福；以情动人，在相互的关爱中以爱报爱，这样的世界才幸福温暖。

有人总认为自己的日子过得不够幸福：妻子越来越爱唠叨，家里的气氛不够温馨浪漫，工作上有那么多的不顺心，孩子不听话……他们以为生活不善待自己，其实是他们不善待生活，所以才让幸福远离。

一个冬日的早晨，一位富人站在自己的花园里，突然园外传来敲门声，富人去开门时发现门外站着一个衣衫褴褛的乞丐，在寒风中冻得发抖，他已在园外站了一夜。他说："先生，行行好，能给我一点东西吗？"富人请乞丐在门外等候，转身进入厨房，端来一碗热气腾腾的饭菜。富人递给乞丐的时候，乞丐突然说："先生，你家里的梅花真香啊！"说完，他就转身走了出去。富人呆立在那里，感到非常震惊：穷人也会赏梅吗？这是自己从来不知道的。花园里种了几十年的梅花，为什么自己从来没有闻到过梅花的芳香呢？于是，他小心翼翼地以一种庄严的心情生怕惊动梅花似的走近梅花，终于闻到了梅花那含蓄的、清澈的、澄明无比的芬芳。然后，他的眼睛湿润了，为第一次闻到了梅花的芳香而感动。

我们其实就是故事中的富人，幸福则如故事中花园里的梅花。随着年龄的增长，年少时的幸福浪漫不知不觉地少了许多，爱情中的心心相印、彼此恩爱、同甘共苦仿佛也在变淡。其实生活中不是缺少幸

福，而是缺少发现幸福的眼睛。

一位到新加坡游览了两个星期的外地朋友，在临别晚宴上谈起新加坡的名胜眉飞色舞，洋溢着幸福感。唐城、虎豹别墅、飞禽公园、中央公园、范克里夫水族馆、室利马里曼安兴都府、光明山普觉禅寺、和平纪念碑等，都印上了他清晰的足迹，而他言谈中的那份幸福感更是让人羡慕。在新加坡生活多年的老李在一旁静静地听着，越听越惭愧：幸福的美景就在身边，自己怎么从没感觉到呢？

朋友眉飞色舞地描绘的名胜，都是老李曾去过多次的，可他从未感到有如此的幸福感。是自己缺乏寻访探究的好奇心，还是因为这些名胜都近在咫尺，过于熟悉而没有了新鲜感？他反思了很久，终于想明白了：是自己不会善待生活，所以才没有发现这些美妙的景色。

有人在幸福的日子里仍不满足，只会天天抱怨而不珍惜自己的拥有；有人在遭遇挫折的时候总是怨天尤人，而不去冷静地审视自己，充分发掘利用自己的优势渡过难关……不善待生活，生活也不会善待你。生活中，其实每个人身边都有幸福，只要学会发现、学会珍惜，幸福就会围绕在我们身边。

一个残疾人来到天堂找到上帝，抱怨上帝没给他一副健全的体格。上帝对残疾人说："善待生活吧，至少你还活着。"

一个官场失意、年老体弱的人找到上帝，抱怨上帝没给他高官厚禄。上帝把那位残疾人介绍给他，残疾人对他说："善待生活吧，至少你的身体还是健全的。"

一个年轻人找到上帝，抱怨上帝没让自己富有。上帝就把那位官场失意的人介绍给他，那人对年轻人说："善待生活吧，至少你还年轻，前面的路还很长。"

在人生的道路上，风和日丽的日子会有，狂风暴雨的日子同样会有。只有善待生活，幸福才会离我们更近。

人生如棋，胆大者棋风泼辣，刚开局便全线出击，奋勇前进，大有"气吞万里"之势；胆小者重于防守，步步为营，举棋不定，唯恐一着不慎，满盘皆输；稳重者深思熟虑，内心平静，只因早已成竹在胸；轻浮者急躁冒进，急于求成，行进中不虑后果，常因一叶障目而全局败北；工于心计者第一局故意输给对手，增其傲气，以谋对策……

下棋者，无论输赢，双方棋毕会哈哈一笑，因为他们的心情早已放松。心情好时，收拾残局，再来一局；心情不好，趁早回家休息，这样的人才是生活中的"高手"。人生如下棋，善待生命中的所有，你就会品尝到幸福的点点滴滴。

善待自己，保持健康

身体是人生存的物质基础，没有了它就丧失了幸福的载体。整天疾病缠身的人是没有时间和精力享受幸福的。身体状态的好坏会影响人的精神和心态，也会通过思想直接地影响幸福感。人的心态也会对身体产生一定影响，可能是好的，也可能是不好的。

某杂志曾对全国 60 岁以上的老人抽样调查：你认为自己一生中最不幸的是什么？调查显示：75% 的人认为自己一生中最不幸的是没有善待自己的身体；70% 的人认为自己一生中最不幸的是年轻时努力不够，导致一事无成；62% 的人认为自己一生中最不幸的是对子女教育不当；57% 的人认为自己一生中最不幸的是没有好好珍惜自己的伴侣；49% 的人认为自己一生中最不幸的是在年轻的时候选错了职业。

柏拉图说："没有什么是比健康更快乐的了，虽然人们在生病之前并不曾觉得那是最大的快乐。"人生就像走钢丝，时时刻刻都要掌握好自己的平衡。健康与奋斗的平衡、事业和家庭的平衡、工作与休闲的平衡等，都是关系到人生幸福的大事。人生最大的错误是用健康换取身外之物；人生最大的悲哀是用身心俱疲去换取别人眼中所谓的幸福；人生最大的浪费是用透支身体来追求事业、名利。人生的幸福不是以亏待自己的身体，让自己身心交瘁为代价的，所以"屋宽不如心宽，财富再多不如身安心安。"

财富有多种，健康却难求。健康是人生的第一大财富。世上还有比生命更重要的吗？当然没有。可是这样浅显的道理好多人在金钱利益面前却迷茫了。幸福不是奢侈品，健康的身体是幸福的必需品。奢侈品是给别人看的，必需品是给自己用的，幸福纵然千般好，但只有健康才能消受得起。

哈里是一位年轻的汽车销售经理，他的事业顺风顺水，他的面前明明是一条"康庄大道"，然而他的情绪却非常低落。他认为自己快与世长辞了！他甚至为自己购买了一块墓地，并为自己的葬礼做好了周到的准备。事实上，他只是经常感到呼吸急促，心跳有些快，喉咙哽塞而已。医生建议他休息，对生活处之泰然，退出他所热爱的汽车销售事业。哈里在家里休息了一段时间，但他的状况并没有得到太大的改善，他依然犹豫恐惧，心神不宁。这时医生劝他到科罗拉多州调养，那里有宜人的气候、美丽的风景，但这仍不能缓解哈里内心的恐惧。一周后，他回到家里。他觉得死神即将来临。"不用再猜疑了！"一位朋友告诉哈里，"你去梅欧兄弟诊所吧，他们可以彻底诊断出你的病情，别犹豫了，赶快去吧！"哈里接受了朋友的建议，请他的一位亲戚开车送他到了罗切斯特市的梅欧兄弟诊所。实际上，他更害怕自

己会死在路上。梅欧兄弟诊所的医生给哈里做了全面检查，然后告诉他："你没有什么毛病，只是紧张、恐惧、担心，只要抛弃这些，不去想，就行了。"哈里如醍醐灌顶。离开诊所后，哈里学会了善待自己，他调整心态，慢慢变成了一个健康快乐的人。

每天抽出时间来品味美食的可口，和家人共同欣赏生活中的美景，进行适当的娱乐活动，都能调节情绪，但无休无止的欢乐也容易转益为害。善待自己不是无休止地放纵自己，健康的心态是保持平和的情绪。

经常净化自己思想的人能够抵御生活中各种不良因素的侵害。如果想让身体健康起来，人就应该善待自己，美化和纯净自己的思想。一个人愁苦的面容并不是偶然出现的，而是思想焦躁忧虑导致的。心中的怨恨、嫉妒、失望、沮丧，会使人的健康遭到损害，幸福当然就会少得可怜。只有坚强、纯洁和快乐的思想，才会使人身体充满活力，精神振奋，做事积极。

选定幸福的目标——适合自己的才最好

世上有没有确定的幸福的目标呢？没有。选定幸福的目标——适合自己的才最好，人必须调整好心态，按照自身的客观实际来设立人生目标。目标不在多，贵在身体力行。不要把目标定得太高，好高骛远，实现了目标，就能获得真正的幸福。

有个人一生从来没有穿过合脚的鞋子，他常穿着巨大的鞋子走来走去。如果有人问他，他就会说："大鞋小鞋都是一样的价钱，为什么不买大的？"

这个人是不是很可笑？可现实中却有很多人犯了同样的错误。一个人只是被内在贪欲推动着，就像买了特大号的鞋子而忘了自己的脚一样。人不管买什么鞋子，合脚最重要；不论追求何种幸福，适合自己的最好。

获得幸福其实很简单，就是要集中注意力，有明确的目标。

珍妮原本是一个学习成绩很不错的女孩，却没有考上大学，于是她进入教会小学教书。她由于讲不清数学题，不到一周就被学生们轰

下了讲台。母亲为她擦眼泪，安慰她说："满肚子的东西，有人倒得出来，有人倒不出来，没有必要为这个伤心，也许有更适合你的事等着你去做。"

后来，珍妮外出打工，先后做过纺织工、市场管理员、会计，但都半途而废。每当珍妮沮丧地回来时，母亲总安慰她，从没抱怨过。30岁时，珍妮成为聋哑学校的辅导员。后来，她开办了一家残障学校。再后来，她在许多城市开办了残障人用品连锁店。这时的她，已是一位拥有几千万资产的老板了。

一天，珍妮问母亲，前些年她连连失败，自己都觉得前途渺茫的时候，是什么原因让母亲对她有信心呢？母亲的回答朴素而简单："一块地，不适合种麦子，可以试试种豆子；如果豆子也长不好的话，可以试种瓜果；如果瓜果也不济的话，撒上一些荞麦种子一定能够开花。因为一块地，总会有一种种子适合它，也终会有属于它的一片收成。"

一块地，总会有一种种子适合它。每个人在努力而未成功之前，都在寻找属于自己的"种子"。

有一个大鱼缸，缸里养着十几条热带鱼。那些热带鱼长约三寸，大头红背，长得特别漂亮，惹得许多人驻足凝视。一转眼两年过去了，那些鱼在这两年时间里似乎没有什么变化，依旧三寸来长，大头红背，每天自得其乐地在鱼缸里时而游玩，时而小憩，吸引着人们惊羡的目光。有一天，鱼缸的缸底被砸了一个大洞，待人们发现时，缸里的水已经所剩无几，十几条热带鱼也濒临死亡，人们急忙把它们打捞出来。放在哪儿呢？人们四处张望了一下，发现只有院子当中的喷水池可以当它们的容身之所。于是，人们把那十几条鱼放了进去。两个月后，一个新的鱼缸被抬了回来，人们跑到喷水池边来捞鱼。这时，让人们大吃一惊，甚至手足无措的事发生了：两个月，仅仅是两个月的时间，那些鱼竟然都由三寸来长长到一尺！人们七嘴八舌，众说纷纭。有的说可能是因为喷水池的水是活水，鱼才长这么长；有的说喷水池里可能含有某种矿物质；也有的说那些鱼可能是吃了什么特殊的食物。但这些猜测都有一个共同的前提，那就是喷水池要比鱼缸大得多！

可见，环境对事物的影响很大，有良好的环境，才能有良好的发展。环境可以塑造一个人，也可以毁灭一个人。人如果生活在一个益于成长的大环境，就能更好地成长，更好地发挥自己的才能；人如果生活在一个不宜成长的狭小环境中，由于受环境影响，往往会无法施展自己的才能，自暴自弃。在自己适应的环境中生活和工作，一切都会得心应手；在自己不适应的环境中生活和工作，则会浑身不自在，不要说快乐生活和取得成绩了，恐怕正常的情绪都难以保持。所以选定幸福的目标要选择适合自己的环境，只有这样才能让自己追求到最好的幸福。

生活可以是幸福的，也可以是悲伤的；生活可以时常充满欢乐，也可以时常布满痛苦。目标可以是伟大的理想，也可以是简单平凡的

愿望，但不管你设定的目标是大是小，是高是低，幸福的生活是由你自己创造的，你可以根据环境选定幸福的目标，让自己成为主人，成为幸福生活的主角。

每个人都可以用心思考后选定幸福的目标，但为了使幸福能够健康生长，你必须给它以充足的营养。你要经常学习、沉思、总结，确立适合自己的幸福目标。用积极的心态和丰富的精神面对生活，你就能活出自己的特色，品尝到幸福的滋味。

有希望，就有幸福

也许你在工作中遇到了挫折，也许你觉得生活没有乐趣。在这种情况下，你会选择逃避吗？为什么不选择正视生活给你的打击，站起来继续走下去呢？要知道，有希望，就有幸福。

我们既然生在这个世界上，就要在这个世界上好好生活下去，战胜一切挫折，获得自己的成长。无论是在什么样的逆境中，成功的人始终不会放弃自己的人生目标。他们坚信，只要不放弃，就不能算失败，只是暂时不成功而已。失败、打击或磨难吓不倒他们，反而会使他们更坚强，因为他们珍惜自己，善于在逆境或失败中捕捉下一个新的目标，并调整自己的心理状态，适应新的环境和新的目标，他们对生活始终充满希望。

一位名人曾说："一个人在人生低谷中徘徊，感觉自己支撑不下去的时候，其实就是黎明前的夜。只要你心中总是充满希望，坚持一下，再坚持一下，前面肯定会看见一道亮丽的彩虹。"生活就是一场博弈，充满挑战。只要你充满希望，就能勇敢地面对现实，迎接挑战，

不屈服，不向命运低头，把握自己的命运，战胜一切困难。即使偶尔遇到挫折，也要对生活充满希望，因为希望是人对美好生活的向往。一个人只有在有了向往和追求以后，心中的信念才会生根、发芽、开花、结果，才会在艰难困苦中前进。

幸福最大的敌人是以沮丧的心情来怀疑自己的生命。其实，生命中的一切成功，全靠人自己的希望和勇气，全靠人对自己有信心，全靠人对自己有乐观的态度，唯有如此，方能幸福。然而，有些人在处于逆境的时候，或者是碰到沮丧的事情之时，或者是处于凶险的境地时，往往会被恐惧、怀疑、失望吓倒，丧失了自己的意志，致使自己多年以来的目标毁于一旦。

只要存在着希望，人的创造力就不会枯竭。因为希望是生命的原动力，当希望的目标实现以后，新的希望又会在它的基础上萌生。

有两个人要去寻找幸福，他们在沙漠里迷了路，水壶中的水早就喝完了，两人又累又饿，体力渐渐不支。休息时，一个人问另外一个人："现在你能看到什么？"被问的那个人回答道："我现在似乎看到了死亡，似乎看到死神在一步步地向我靠近。"发问的这个人却微微一笑说："我现在看到的是我和妻儿相聚的幸福情景。"

最后，那个说看到死亡的人真的死了，就在快要走出沙漠的时候，他用刀匆匆结束了自己的生命；而另一个人则靠着希望成功地走出了沙漠，终于拥抱了幸福的生活。

每天给自己一个希望，试着不为明天而烦恼，不为昨天而叹息，只为今天更美好而努力；试着用希望迎接朝霞，用笑声送走余晖，用快乐填满每个夜晚。那么，我们的每一天都会更充实、更潇洒。有希望就是"向前看"，这是一种积极的人生态度，它有助于人们克服困难，看到希望，保持进取的旺盛斗志。要牢记，积极的心态创造幸福，消极的心态消耗幸福。

经历了一次期末考试后，斯蒂克并没有取得自己梦想中的好成绩，尽管分数还说得过去，但只能排在全班前十几名。这对心高气傲的斯蒂克来说，是个不小的打击，他一下子变得消极起来。

放寒假了，斯蒂克回到家里，父亲问起了学校里的生活，斯蒂克告诉父亲说："其实真的很没劲。"斯蒂克的父亲是个铁匠，他听了儿子的话后，脸上很惊愕，沉默了半晌之后，转过身用他那粗壮的手操起了一把大铁钳，从火炉中夹起一块被烧得通红的铁块，放在铁錾上狠狠地锤了几下，随后丢入了身边的冷水中。只听"嘶"的一声响，水沸腾了，一缕缕白气向空中飘散。

父亲说："你看，水是冷的，铁是热的。当你把热热的铁块丢进水中之后，水和铁就开始了较量——它们都有自己的目的，水想使铁冷却，铁想使水沸腾。现实中，何尝不是如此呢？生活好比冷水，你就是那热铁块，如果你不想自己被水冷却，就得让水沸腾。"

斯蒂克听后感动不已，朴实的父亲竟然说出了这么饱含哲理的话！第二个学期开始了，斯蒂克通过反省自己，并且不停地努力，学

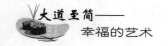

习终于有了很大的进步，与此同时，斯蒂克的内心也开始一天天地充实快乐起来。

钢是在烈火和急剧冷却的水里锻炼出来的，所以才坚硬；幸福是从生活的希望中萌发出来的，所以才美好。有希望，遇见深林，可以感受鸟语花香的喜悦；遇见旷野，可以想象丰收时的欢乐。有希望，一个人在品尝了生活的百味后，总能感受到别样的情趣。

做幸福最强大的主人

我们要获得幸福，首先要做幸福最强大的主人，而不是在空想中苦苦期盼它的到来。幸福是什么？它是只能意会不能言传的感觉，它只能体会，再高明的言语也不能把它描绘出来。

峰与谷、上与下、成功与失败、欢乐与痛苦，让我们认识了幸福，体验了快乐，并开始感谢生活的曲折。真正的幸福不是一些事实的汇集，而是我们在不同时间、地点时迥然不同的心态。要做幸福最强大的主人，必须具备驾驭幸福的能力，并最大限度地提高自己的幸福感。

生活也许不能尽如人意，但只要你还在认真、诚实、乐观地坚持做幸福最强大的主人，你终究能驾驭幸福，享受幸福。

做幸福最强大的主人要摒弃愤怒、烦恼、后悔、忧虑、孤独、自卑等情绪，让自己的内心轻松。愤怒，是用别人的错误惩罚自己；烦恼，是用自己的过失折磨自己；后悔，是用无奈的往事摧残自己；忧虑，是用虚拟的风险惊吓自己；孤独，是用自制的牢房禁锢自己；自

卑，是用别人的长处诋毁自己。幸福不是给别人看的，幸福要掌握在自己手中。

下面的选项是幸福的要素，你会选哪一个呢？

A. 甜蜜的爱情。

B. 高薪的工作。

C. 宽大的房间。

D. 年轻的面容。

E. 充裕的金钱。

F. 充足的时间。

G. 可爱的孩子。

H. 成功的瘦身。

上面列出的其实是很多人心目中幸福的要素，但是科学研究告诉我们，以上任何选择都不能让人感到真正持久的幸福，它们只会给我们的幸福感带来微小的改变。

还记得半年前的炽热爱情如何变成现在的"白开水"吗？还记得上一次加薪你快乐了多久吗？还记得上一次长假你是如何的无所事事吗？对幸福的追求本没有错，但是我们却经常误会了幸福的来源，把"得到"等价于幸福。

一位女士抱怨道："我活得很不快乐，因为我先生常出差不在家。"她把幸福的钥匙放在先生手里。一位妈妈说："我的孩子不听话，叫我很生气！"她把幸福的钥匙交在孩子手中。一个男人说："上司不赏识我，所以我情绪低落。"他把幸福的钥匙塞在上司手里。一个婆婆说："我的媳妇不孝顺，我真命苦！"婆婆把幸福的钥匙放在儿媳手中。一个年轻人从商店走出来说："那位老板服务态度恶劣，把我气炸了！"他把幸福的钥匙给了商店老板。这些人都做了相同的决定：让别人来控制他们的心情。

做幸福最强大的主人就要有自我调控情绪的能力。有些人常常把不幸归咎于外物或周围的人，似乎承认自己无法掌控自己的内心，只能可怜地任人摆布，这样的人无法接近幸福，甚至幸福对他们也"望而生畏"。

一个会驾驭幸福的人不仅能找到幸福的钥匙，而且不期待别人使他们快乐，幸福对他们来说是内心的充实和精神的享受。自问一下，你的幸福钥匙在哪里？

在追求幸福的道路上，有些人失败了，有些人却成功了，究其原因，主要是前者怨天尤人，常常被自己打败；而后者却敢于挑战自己，能够战胜自己。

美国娱乐明星凯斯·戴莱生就一副好嗓子，一心想当歌手，但她的嘴巴太大，还有几颗龅牙。初次登台演出时，她极力掩盖自己的龅牙，殊不知，这给观众留下了滑稽可笑的印象。

一次，一位观众告诉她："不要介意你的龅牙，你应该尽情地张嘴演唱，相信观众看到你真实而大方的样子，一定会更喜欢你。说不定，你那龅牙还会为你带来好运呢！"

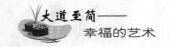

在大庭广众之下，一个歌手能挑战自己的缺陷，需要勇气，更需要意志力。凯斯·戴莱接受了这位观众的忠告。从此，她尽情地张开嘴巴，发挥自己的潜质，终于成为美国娱乐界的大明星。

幸福不是某些天生具有优势的人的特权，人人都可以做幸福最强大的主人。

从前有一个小孩，他生下来便相貌丑陋，等到能说话的年龄时有口吃的毛病，而且因为患了某种疾病而导致左脸局部麻痹，嘴角畸形，讲话时嘴巴总是歪向一边，并且有一只耳朵听不见声音。

为了矫正自己的口吃，这个孩子模仿他听到的著名演说家林肯的方法进行练习：林肯小时候也有口吃的毛病，说话说不清楚，在别的玩伴眼里还是一个智障儿，但他因为自尊心和不服气的心态的驱使，每天跑到无人的海滩边练习说话。他在嘴里放一颗小石头，每天就含着一颗小石头对着大海练习说话的技能。随着年岁的增长，林肯的口吃毛病终于被纠正，取而代之的是他一流的演说才能。

于是，这个孩子便模仿林肯在嘴里放一颗小石头练习说话。数月之后，看着嘴巴和舌头被石子磨烂的儿子，母亲流着眼泪抱着他，心疼地说："不要练了，妈妈一辈子陪着你。"懂事的他替妈妈擦着眼泪说："妈妈，书上说，每一只漂亮的蝴蝶，都是自己冲破束缚它的茧之后才变成的，我要做一只美丽的蝴蝶。"孩子的努力没有白费，他终于彻底摆脱了口吃的毛病，说话就像其他人那样流利。由于勤奋、善良，在中学毕业时，他不仅取得了优异的成绩，还获得了很好的"人缘"。

1993 年 10 月，他参加全国总理大选。他的对手用心险恶地利用媒体夸张地指责他的脸部缺陷，然后配上这样的广告词："你们要这样的人来当你们的总理吗？"但是，这种极不道德的、带有人格侮辱的攻击激起了大多数选民的愤怒和谴责。他的成长经历被人们知道后，他还赢得了大多数选民的同情和尊敬。

他在演讲中说道："我要带领国家和人民成为一只美丽的蝴蝶。"这句竞选口号感染了所有在场的观众，最终他以高票数当选总理，并在 1997 年再次获胜，赢得连任总理的机会，人们也因为记住了他的"美丽的蝴蝶"而亲切地称他为"蝴蝶总理"。

这个"蝴蝶总理"究竟是谁呢？他就是加拿大第一位连任两届的总理克雷蒂安。

做幸福最强大的主人并不是一句空话，而是要落在实际行动上，这些行动虽然可能要倍尝艰辛痛苦的考验，但只要有责任心，就一定能用自己的努力留住幸福的脚步。

命运靠自己去改变

　　罗斯福说:"世界上只有一件事比被人折磨还要糟糕,那就是从来不曾被人折磨过。"因为,当一个人受尽折磨时,他的潜能才会被激发出来,他才能越挫越勇,逼得自己去突破现状,追求幸福,做富有创造力的工作。

　　是的,人生最大的挑战就是自己,命运靠自己去改变。罗曼·罗兰说过:"自己把自己说服了,是一种理智的胜利;自己被自己感动了,是一种心灵的升华;自己把自己征服了,是一种人生的成熟。"凡能征服自己的人,就有力量战胜一切艰难险阻。幸福没有法则,让自己变得坚强一点、勇敢一点,走自己的路,就能收获幸福。

　　有一种著名的心理现象叫作"涨潮",它是一种全神贯注的最佳心灵状态,也就是意识高度集中。当一个人处于"涨潮"状态时,他就会全身心地投入到工作中,感觉不到时间的流逝。这种"涨潮"体验可以帮助一个人提高效率,同时获得幸福感。

　　有一只幼蛾向妈妈抱怨:"为什么我们不能像蝴蝶一样有美丽的

外表，赢得别人的欢心呢？"妈妈温柔地说："孩子，在大自然生态中，我们扮演的角色十分重要，我们担负的责任是其他生物不能随意取代的。我们多在夜间活动，那些夜晚开花的植物需要靠我们来传播花粉，所以美丽的外衣对我们来说并不重要，重要的是我们尽了自己的职责，对整个大自然有所贡献。你应该为此感到骄傲和幸福啊！"

幸福的人生要自己去走，命运要靠自己去争取，但请先从脚踏实地开始，不要好高骛远。人有两条路要走：一条是必须走的，一条是想走的。一个人必须把"必须走的路"走漂亮，才能走好"想走的路"。

童话大师安徒生有一则名为《老头子总是不会错》的故事向我们很好地诠释了幸福是什么。

在偏僻的乡村里有一对清贫的老夫妇，有一天他们想把家中唯一值点钱的一匹马拉到市场上去换点更有用的东西。于是，老头就牵着马去赶集了，他先把马换了一头母牛，又用母牛换了一只羊，又把羊换成了一只肥鹅，又把肥鹅换成了母鸡，最后他又用母鸡换了别人的一袋子烂香蕉。当他扛着那一袋子烂香蕉来到一家小酒店歇脚时，正好遇上两个英国人，就和他们闲聊。

聊天中，老头把自己赶集的经过讲给了他们听，结果这两个英国人听后哈哈大笑，说他回去肯定要挨老婆子一顿揍。老头却声称"绝对不会，我们依然有幸福的香蕉酱吃"。

英国人就说："这也叫幸福？我们来打赌，赌金为一袋金币。"于是两人就随同老头一起回了家。

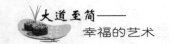

　　老太婆一见老头回来了，非常高兴。她兴奋地听着老头讲赶集的经过。老头说他在每次的交换中，都想给老伴一个惊喜。所以，他才会一换再换。每次老头讲到用一种东西换了另一种东西时，她都充满了对老头的钦佩之情。听到换了奶牛时，她就笑着说："哦，我们有牛奶了，多么幸福啊！"听到换成了一只羊时，她就说："羊奶也同样好喝，这同样幸福。"听到把羊换成了肥鹅时，她就说："哦，多幸运啊，鹅毛多漂亮！"听到把肥鹅换成了母鸡时，她又说："哦，我们有鸡蛋吃了！"最后听到老头说只背回一袋已经开始腐烂的香蕉时，她同样不恼，大声地说："我们今晚就可以吃到香蕉馅饼了，太好了！"

　　结果自然是不言而喻的，两个英国人因此而输掉了一袋金币。

　　塞翁失马，焉知非福。生活中的所得所失并不是人们惋惜或者埋怨的理由，只要人生态度积极乐观，不管生活和我们开怎样的"玩笑"，我们依然可以改变命运的方向，让自己朝幸福的目标前进。

　　只要方向对，何愁幸福不来？即使我们得到的只是一袋"烂香蕉"，我们也能把它做成味道鲜美的香蕉馅饼。生活的乐趣要靠自己去创造，换一个角度看问题，用积极的心态看待遇到的困难，你就一定能收获意料之外的惊喜。

幸福生活从播种好习惯开始

人的习惯是由于重复或练习而巩固下来并变成需要的行为方式。幸福是从播种好习惯开始的。比如，刚开始进行体育锻炼很难，但成为习惯后，不活动就会觉得难受，因为它已成为生活的一部分，没有它反而会觉得不自在。思想是人们言行、外表乃至整个人生形成幸福好习惯的源头，纯洁与快乐的思想，会把活力与优雅注入身体，它所产生的正能量是巨大的。

四川乐山凌云寺内佛旁有一副对联："笑古笑今，笑东笑西，笑南笑北，笑来笑去，笑自己原无知无识；观事观物，观天观地，观日观月，观来观去，观他人总有高有低。"

那么，如何养成幸福的好习惯呢？首先要使快乐变成一种心理习惯，能够时时处处寻找快乐，发现快乐。即使在不顺心的时候，在遇到悲哀的情景或无法避免的困难的时候，也能以愉快的心情来对待，这样，任何困难都可能变得微不足道，反而会成为日后幸福的源泉。

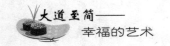

要想让幸福成为习惯，要从播种好习惯开始，比如礼貌，比如美德，比如气质。

培养幸福的好习惯要注意礼貌。对外人的礼貌我们会有礼有节，而在亲密无间的恋人与家人之间也要有礼貌，我们常常会忘记。谈恋爱的时候，彼此礼貌客气，两人约会时总是心情愉快；结了婚以后，不少人就认为：都是"自己人"了，还需要客气什么？客气让两人的关系疏远，可客气不等同于感恩，如果不客气也不知感恩，会让夫妻之间的幸福感大减。殊不知，亲人间如果形成了有礼貌的好习惯，彼此之间会更加相亲相爱。

这就如同"刺猬效应"一样，粗鲁无礼会毁了婚姻的美好，太亲近了会刺伤对方。把礼貌带进婚姻，不仅不会疏远彼此的感情，反而有助于爱情的保鲜。

有位50多岁的大姐每次一接老公电话，首先就是一句"你好"。有人打趣道："大姐，这么大年纪了，还和老公这么客气啊？"大姐笑了："这不是客气，这是礼貌。"

有些人不以为然："哎呀，真麻烦！哪有这么多事，老公又不是外人，怕什么呀？我跟我们家那位就是直来直去的，没那么多客套。""是啊，时间长了，也就不注意了，感觉反正是一家人，没什么可客气的。"

大姐摇摇头，认真地说："不管对谁，都要有礼貌。你对别人能做到，对自己最亲的人就更应该做到！其实，婚姻里有了礼貌，也就有了和谐幸福。"听她这样一说，大家都不言语了，陷入了沉思。

还有一位朋友，与丈夫两地分居。每次丈夫来电话，她也是先来一句"你好"，最后还要说"再见"。周围人很不理解，便问她："怎么和老公还这么客气啊?"她很平静地答道："习惯了，这应该是接电话时最基本的礼貌吧。"周围人更为不解："可关键是你在给自己的老公打电话啊!"她笑着说："是啊，你想啊，不管是谁给你打电话，听到一句问候的话，你的心里不高兴吗? 别人我还问候呢，何况那是自己的老公，我更应该问候啊!"

不管别人为我们付出多少，都不是理所应当的，这是情感与爱的无私奉献，有了奉献还要有礼貌的交流，才会有彼此的幸福。婚姻中多一点礼貌，就会多一点尊重，多一点和谐和理解，少一些蛮横或无理。有礼貌的婚姻更有幸福的生命力。

幸福的好习惯离不开微笑，你微笑，世界也微笑，你就会经常收获人们友好的笑容。每天多微笑几次，不仅对熟悉的人，也要对陌生人微笑，这样大家都会快乐。

幸福的好习惯还来自于气质与美德，气质和美德是一个人积极生活的体现，它会带来心灵的满足感。"疾风知劲草"，困难中可以看出一个人的品德，生活细节也能折射出一个人的气质。宽容大度、乐观向上、乐于助人、谦虚谨慎的美德能给人带来内心的祥和和精神上的快乐……具备这些美德的人，常常是幸福的人；而刁钻奸猾、卑琐萎靡、孤傲冷酷等表现，是心理不健康的表现，这样的人很少有内心的安宁和快乐。

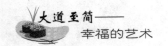
能让自己幸福的好习惯很多，比如生活、工作的习惯：做事规矩，执行规范，遵守规定；物品摆放得整整齐齐、车子停得规规矩矩、身边环境干干净净……

幸福的好习惯最终可以通过自己的努力获得，有了好习惯才会有真正的幸福感受。有位名人说过这么一句话："今日的习惯，将是你明日的命运。改变所有让你不快乐或不成功的习惯模式，那么你的命运将改变。"一个人好习惯越多，生命将越自由、越充满活力，成就也会越大。相反，假如一个人坏毛病多而且一直不肯改正，那么他离成功只能是越来越远。

昨天的习惯造就了今天的我们，今天的习惯决定了我们明天的幸福。为了实现你最终的幸福，你必须认识到，追求幸福的过程中有很多困难可能是对你的挑战，你要不断地养成好习惯来代替坏习惯，直到好习惯成为你生活的一部分。要给自己充足的时间和精力培养幸福的好习惯，只要你坚信幸福是从播种好习惯开始并持之以恒地与坏习惯斗争，你就一定能得到幸福。

所以，让我们从现在做起，培养好习惯吧。相信我们为幸福的好习惯付出了努力后，在不久的将来幸福就会散发出迷人的光彩，笼罩在我们周围。

改掉坏习惯，幸福走近你

人都是不完美的，想想你是否有急躁、贪婪、自私、爱生气、把简单的事情复杂化的坏习惯？幸福是个宽容的智者，如果你改掉了坏习惯，它就会走近你。

有两个人，一个是体弱的富翁，一个是健康的穷汉。两人相互羡慕着对方：富翁为了得到健康，乐意出让他的财富；穷汉为了成为富翁，愿意舍弃他的健康。

一位闻名世界的外科医生通过手术让富翁和穷汉交换了脑袋。其结果是：富翁变穷，但得到了健康的身体；穷汉富有了，却病魔缠身。不久，成了穷汉的富翁由于有了强健的体魄，又有着成功的意识，渐渐地又积累起了财富。可同时，他总是担忧着自己的健康，久而久之，他又回到了以前那种富有而体弱的状况。而另一位身体孱弱的新富翁虽然有了钱，但他总是忘不了自己曾是个穷汉，有着失败的意识。他不断地把钱浪费在无用的事情里，不久又变成原来的穷汉。可由于他无忧无虑，疾病也不知不觉地消失了，他又像以前那样有了

一副健康的身子骨。最后，两人都回到了原来的状态。

改掉坏习惯是一种智慧，也是一种突破。幸福的人会首先从自身开始提高修养，因此，幸福无须向外远求。

有个人得到了"点金石"的秘密。点金石就在海滩上，和成千上万的与它看起来一模一样的小石子混在一起，但点金石摸上去很温暖，普通的石子摸上去是冰凉的。

这个人变卖了财产，买了一些简单的装备，在海边搭起帐篷开始检验那些石子。他知道，如果他捡起一块普通的石子并且因为它摸上去冰凉就将其扔在地上，他有可能几百次地捡拾起同一块石子。

所以，当他摸着冰凉石子的时候，他就将它扔进大海里。他就这样干了一整天，却没有捡到一块是点金石的石子。然后他又这样干了一个星期，一个月，一年……他还是没有找到点金石。他就这样继续下去，捡起一块石子，是凉的，将它扔进海里；又去捡起一块，还是凉的，再把它扔进海里……

有一天上午，他捡起了一块石子，这块石子居然是温暖的，可他仍随手把它扔进海里——他已经形成了一种习惯，把他捡到的所有石子都扔进海里。他已经习惯于做扔石子的动作，以至于当他真正想要的那一块石子到来时，他还是将其扔进了海里！

坏习惯有时会成为你迈向成功的障碍，会让你扔掉握在手里的机会。所以，人只有不断改变自己的不良习惯，才可以完善自己，赢得幸福的人生。

　　与坏习惯做斗争可能很困难，改变自己需要勇气和顽强的毅力，我们必须改变自己才能获得幸福。人不可能控制生命的长短，但人可以靠改掉坏习惯改变生命的宽度；人不可能控制天气的好坏，但人可以靠改掉坏习惯改变自己的心情；人不可能改变自己的容貌，但人可以靠改掉坏习惯来充实自己的心灵。事实上，我们每天都在不停地改变自己、创造自己、超越自己。改掉自己的坏习惯，我们才可以走向幸福的人生。

　　生气是一种无知又无济于事的坏习惯，爱生气的人经不起磨炼，经不起挫折，要幸福当然很难。不要急躁，不要生气，要学会换位思考，大事化小，小事化了。如果说他人的言行激怒了我们，倒不如说是我们当时的心情令自己动气。心里放不下别人，是一种自私；心里放不下自己，是缺少智慧。所以，要改掉爱生气的坏习惯就要时时自律，不管身处何境都要提醒自己保持平静的心情。平静有时候可以产生更为强大的力量，这种力量可以与能使头脑发热的生气等负面情绪相对抗。

　　古代有个青年叫周处，被当地人称作"三害"之一。"三害"即蛟龙、猛虎和周处。因为他总是欺负别人，所以人们厌恶他、恨他。周处不想再让别人把自己当成祸害，他决心战胜猛虎和蛟龙，为人们除害。后来，经过艰苦的努力，他终于成功地除掉了二害，并且改掉了自己的恶习，因此赢得了大家一致的赞扬，成为一个为百姓谋利益的好人。

　　周处是勇敢的、明智的，他有勇气改变自己的恶习，最终拥有了幸福的人生。

　　浮躁是另一种坏习惯，它是幸福和快乐的大敌，也是各种心理疾病、错误决断、悔恨错事的根源。心浮气躁的人处处与人比较、计较，往往不能成事。要避免这些，唯其拥有宁静的心态，用豁达开朗的心胸去"战斗"。做人处世要沉稳冷静，这样才能凡事看得高远，才能不被眼前的得失所蒙蔽。人要把复杂的事情尽量简单处理，千万不要把简单的事情复杂化。

　　1941年12月7日，太平洋战争爆发。12月10日，艾森豪威尔向马歇尔报到。报到的那一天，马歇尔跟他讲了20分钟把他调来的原因，然后问了他一句话："我们在远东太平洋的行动方针是什么?"如果艾森豪威尔当时就回答是什么，并"知无不言"的话，那么就很可能不会有后来的艾森豪威尔将军了。因为马歇尔最讨厌对重大问题脱口而出的行为，马歇尔认为，不加考虑就给予答案的做法，缺少冷静的思考，投机的成分很大。

　　那天，艾森豪威尔想了片刻，冷静地说："将军，让我考虑几个小时再回答你这个问题，可以吗?"马歇尔说："好!"但是，在马歇尔的笔记本里面，"艾森豪威尔"的名字下面又多了几个字：此人完全胜任准将军衔!

　　冷静的思考和平和的心态正是马歇尔选将的重要标准。对于一个政治家如此，对于追求幸福的我们也是如此。浮躁的心情和经常发热的头脑会将我们的思维弄得混乱，而我们要做的就是让心情归于平静，面对错综复杂的环境，面对诱惑，面对得意、顺利、富足、荣耀时，面对误解、嫉妒、猜疑时，冷静地分析，做出正确的决断，这是获得幸福之道。

不管我们现在是否拥有幸福，首先要养成冷静、脚踏实地的好习惯，不要流于世俗，也不要浑浑噩噩。冷静的习惯有助于我们消除自己的浮躁，让自己真正地拥有宁静的幸福心境。

努力每一天，幸福滋味好

　　一个人无忧无虑，如果没有经过现实的洗礼，他的欢乐和幸福就是表面的、脆弱的。努力每一天，正确面对人生中的一切，幸福的滋味才能真正好。

　　西汉时期，枚乘写过一篇著名的赋叫《七发》，就很典型地说明了这种情况。《七发》中，楚太子长期生活在糜烂的酒色之中，他内心是不自由的，只有冲出宫廷，冲出帝制樊笼，去领略人生道路上的种种艰难，才能最终成为一个正常的人、优秀的人、内心丰富的人，才会觉得自己真正存在过。

　　明朝宰相张居正，从小聪明过人，13岁参加乡试的试卷令考官拍案叫绝，时任湖广巡抚的顾玉麟却建议让张居正落第。他解释说："居正年少好学，吾观其文才志向，是个将相之才，如过早让他发达，易叫他自满，断送了他的上进心。如果让他落第，虽则迟了三年，但能够使他看到自己的不足而更加清醒，促其发奋图强。"

　　这位巡抚的远见的确令人折服。后来张居正果然成为中兴明朝的杰出政治家，他在险恶的环境中坚持革新政治，有一种不达目的不罢休的坚韧精神，这不能不说与他少年"落第"的逆境有关。

在人生征途中，人最重要的既不是财产，也不是地位，而是自己胸中像火焰一般燃烧的信念。只有那种毫不计较得失、为了巨大希望而活下去的人，才会生出勇气，才会勇往直前，才会激发出自身的巨大潜力与激情，开发出洞察现实的睿智之光。这些与时俱进、始终怀有希望的人，是具有最高信念的人，最终会成为人生的胜利者。

著名化学家格林尼亚教授曾走过一段曲折的道路。少年时代，家境优裕，加上父母溺爱，使得他没有理想、没有志气，整天游荡。可是好景不长，几年后他家彻底破产，一贫如洗，昔日的朋友都离他而去，甚至连女友也当众羞辱他。从此，他醒悟了，开始发愤读书，立志追回被浪费的时间。九年以后，他研制出格氏试剂，获得了诺贝尔化学奖。

所以，很多时候，逆境就如"绊脚石"，你只要把脚抬高，"绊脚石"就会变成"垫脚石"。

努力每一天并"向前看"是人生的大智慧，这样的人能品尝到幸福的滋味。如果只想逃避，不努力进取，为石子绊脚而怨愤，为水坑积水而埋怨，为路面不平而愤怒，为道路崎岖而愤恨……小小的问题就会变成大的烦事、难事，心情自然轻快不起来。但对那些具有积极心态、努力幸福生活的人来说，各种磨难所带来的痛苦都含有等量的或更大的幸福"种子"。

车尔尼雪夫斯基说过："既然太阳上也有黑点，人世间的事情就更不可能没有缺陷。"一个懂得生活的人，不仅善于享受人生中寻常的赏心乐事，还应在痛苦中不断努力，奋力向前。

经营自己的长处

经营自己的长处，能让自己生活得愉快、幸福。

每个人都或多或少不可避免地有缺点或不足，有些缺点甚至我们费心尽力绞尽脑汁也积习难改，收效甚微。但我们不必自惭形秽，也别总是自己跟自己过不去。我们无法改变别人的看法，能改变的只有我们自己；我们无法改变与生俱来的缺陷，但可以经营自己的长处，给自己的幸福"增值"。

每个人都如同一块土地，肥沃也好，贫瘠也罢，总会有属于这块土地的种子。我们不能期望沙漠中有绽放的百合，也不能期望水塘里有孑然的绿竹，我们可以在土地上播种五谷，在泥沼里撒下莲子，只要你有信心，等待你的，将会是稻色灿灿、莲香幽幽。

其实，每个人都有一个最适合自己的位置，只有找准了才能实现自己的价值。当一个位置不适合自己时，为什么不换个位置试试？用平衡的心态去寻找人生的另一个突破口，寻找属于我们自己的"种子"。记住，适合自己的才是最好的！

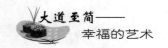

森林里的动物们开办了一所学校。开学第一天，来了许多动物，有小鸡、小鸭、小鸟，还有小兔子、小山羊、小松鼠。学校为它们开设了五门课程、唱歌、跳舞、跑步、爬山和游泳。

当老师宣布今天上跑步课时，小兔子兴奋地一下到体育场跑了一个来回，并自豪地说："我能做好，跑步是我天生就喜欢做的事！"而再看看其他小动物，有噘着嘴的，有耷拉着脸的……

第二天一大早，小兔子蹦蹦跳跳地来到学校。老师宣布，今天上游泳课，小鸭兴奋地一下跳进了水里。天生恐水的小兔傻了眼，其他小动物更没了招。

接下来，第三天是唱歌课，第四天是爬山课……之后发生的情况，便可以猜到了，学校里每一天的课程，小动物们总有喜欢的和不喜欢的。

这个寓言故事诠释了一个通俗的哲理，那就是幸福的好心境是自己创造的。经营自己的长处，能给你的幸福"增值"。"不能让牛去唱歌，让兔子学游泳"。小兔子跑步是幸福的，小鸭子游泳、小松鼠爬树才是幸福的。不能不切实际地模仿别人而迷失了自己的幸福。

篮球飞人乔丹、足球先生罗纳尔多、美声歌王帕瓦罗蒂、诺贝尔物理奖得主杨振宁、企业家楷模韦伯……这些精英之所以出类拔萃，是因为他们自身的优势得到了最大限度地发挥。而普通的人，在对这些精英深怀敬仰之时是否明白：优势不是这些精英的专利，每个人都有天生的优势。那些成功者之所以拥有了成功的幸福，是因为他们通晓自己的优势，并把自己的优势发挥到了极致。普通人之所以成为普通人，是因为他们未能认清自己的优势。他们只看到别人很幸福而不知道别人是在经营自己的长处，给自己的幸福"增值"。所以若要幸福，就应该知道自己的优势是什么，然后将自己的生活、工作和事业发展都建立在这个优势之上。谁都有自己的优势，就看你怎样去发现、去经营。

经营自己的长处时不能失去真实的自我，要坚定信心，不要过于计较别人的评价，要拥有平静的心态。没有一个人是不被别人评价议论的：如果我们沉默，有人会指责我们"城府太深"；如果我们健谈，有人又会指责我们夸夸其谈；我们要是赞美别人，有人会指责我们别有用心；我们要是善意批评，有人会暴跳如雷，认为我们多管闲事。所以经营自己的长处，不要去理会别人的议论，这样自己才能做成事。

有一次，英国游客杰克到美国观光，导游说西雅图有个很特殊的鱼市，在那里买鱼是一种享受。和杰克同行的朋友听了，都觉得好奇。那天，天气不是很好，但杰克发现市场里并非鱼腥味刺鼻，迎面而来的是鱼贩们欢快的笑声。他们面带笑容，像合作无间的棒球队员，让冰冻的鱼像棒球一样在空中飞来飞去，还互相唱和："啊，五条鳍盆飞明尼苏达去了。""八只蜂蟹飞到堪萨斯去了。"这是多么和谐的生活，充满了乐趣和欢笑。杰克问当地的鱼贩："你们在这种环境下工作，怎么保持愉快的心情呢？"

　　鱼贩说，事实上，几年前这个鱼市也是一个没有生气的地方，大家整天抱怨。后来，大家认为与其每天抱怨沉重的工作，不如改变工作的品质。于是，他们不再抱怨生活本身，而是把卖鱼当成一种艺术。再后来，一个创意接着一个创意，一串笑声接着一串笑声，他们成为鱼市中的奇迹。鱼贩还说，大伙练久了，人人身手不凡，几乎可以和马戏团演员相媲美。这种工作的气氛还影响了附近的上班族，他们常到这儿来和鱼贩用餐，感染鱼贩们乐于工作的好心情。

　　有时候，鱼贩们还会邀请顾客参加接鱼游戏。即使厌恶鱼腥味的人，也很乐意在热情的掌声中一试再试，意犹未尽。每个愁眉不展的人进了这个鱼市场，都会笑逐颜开地离开，手中还会提满情不自禁买下的鱼类产品，心里似乎也会悟出一点道理来。

　　生活对待每一个人都是公平的，如果我们每个人都经营自己的长处，以平和乐观的心态去努力，就会发觉世间的一切是那么的美好，自己的幸福也在经意与不经意之间浮现。

在生活中品尝幸福

人生好比大江之水，有时平静无波，有时波涛汹涌。幸福在哪里？只要你用心品味，在生活中处处都能品尝到幸福和快乐。

生活中难免出现很多烦恼和棘手的问题，只要用心体会，你会发现点滴中也有极大的温馨和幸福。所以，不要去刻意追求虚无缥缈的幸福，而应该坦然地面对、接受生活，感受它的幸福时刻。

我午休时听到窗外两个孩子在喊。"你去不去游泳啊？"一个稚嫩的小男孩在喊。"妈妈不让我去！你们去吧。"一个小女孩在楼上回应。"你再去问问妈妈，我们给你留着游泳票等你哦。""我妈妈让我写作业，我去不了啦。""你快写啊，我们在门口等你。"声音来回交替着，午休的我虽然被吵醒了，却没有一丝抱怨，甚至有些温暖的幸福。我忽然又听到："你们等我啊，我妈妈又让我去啦。"小女孩欢快地大声喊着。"耶！你妈妈真好！快点下来啦，要带游泳圈啊，不然不借给你。"

这群快乐的孩子跑远了，可幸福的声音却还在我的心底久久回荡。

现代人的幸福是什么？为什么我们很多成年人体会不到简单生活中的幸福，而孩子们却能从中体会到极大的幸福呢？

奔波于繁忙的工作、应酬于公式化的场合、纠缠在复杂的感情中的人在忙碌中越发找不到幸福，夜深人静的时候反而孤单失落。他们不知道自己耕耘和收获是为了什么，更不明白如何才能拥有幸福和快乐，怎样才能在生活中品尝到幸福和快乐。

其实，在生活中，只要有正面的心态，处处都可以品尝到幸福和快乐。一些安于现状、不思进取、担心失败的人，始终只会在不幸福的起点停滞不前。事实上，人生在于寻找，生活在于发现，幸福对于每个人都是公平的，只要我们热爱生活，就能发现无处不在的幸福，就可以体验到生活中丝丝缕缕的幸福感。

卡尔是一名犹太籍的心理学博士，在"二战"期间，他同很多犹太人一样，没能逃脱纳粹集中营里的惨无人道的折磨。他曾经绝望过，集中营里只有屠杀和血腥，无论是怀孕的母亲、刚刚会跑的孩童，还是年迈的老人，都时刻生活在恐惧中。集中营里没有人性，没有尊严，每天都有人因此而发疯。对死亡的恐惧让卡尔感到一种巨大的精神压力，他明白，如果自己不控制好自己的精神，自己也难以逃脱精神失常的厄运。于是他强迫自己不想那些不幸，而是想象自己来到了一间宽敞明亮的教室中，自己正精神饱满地在发表演讲。他的脸上慢慢地浮现出了笑容。

卡尔知道，这是久违的幸福的笑容。就是靠着这种心态，当卡尔从集中营被释放出来时，他的精神很好。他的朋友们不相信一个人在"魔窟"里还可以保持如此乐观的生活态度，但卡尔真的做到了。

其实幸福很简单，它是以人的乐观积极的心态为依托的。一个人的幸福感是可以在平常乃至恶劣的生活中品尝到的，幸福和快乐都需要宽广的心胸、百折不挠的意志和化解痛苦的智慧。乐观可以为日渐枯萎的生命注入新的甘露，也可以使一个人的人生开出幸福的花朵。

生活就是这样，只要你肯去寻找，你将常常拥有最幸福快乐的生活。

一个人经常出差，有时难免会买不到火车的座位票，但是无论坐什么样的车，无论长途短途，无论车上多拥挤，他都能找到座位。其实他的办法很简单，就是耐心地一节车厢一节车厢地找过去。这个办法听上去似乎并不高明，却很管用。因为每次他都做好了从第一节车厢走到最后一节车厢的准备，但是往往每次他都用不着走到最后，就会发现空座位。他说，因为像他这样锲而不舍地寻找空座位的人实在不多，经常是在他落座的车厢里尚余若干座位，而在其他车厢的过道和车厢接头处却人满为患。他说，大多数乘客轻易就被一两节车厢拥挤的表面现象迷惑了，不大细想在数十次停靠之中，从火车十几个车门上上下下地流动中蕴藏着不少提供座位的机遇；即使想到了，他们也没有那份寻找的耐心。往往眼前的一方小小的立足之地就很容易让他们满足，而为了一个座位背负着行囊挤来挤去让他们觉得不值，他

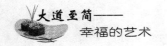

们还担心万一找不到座位，回头连个好好站着的地方也没有了。

从这个智慧的故事中，我们仔细思考一下就会发现，其实寻找幸福也是一样，只要有足够的耐心，生活中就总能找到"幸福的座位"。只要你用心品味，就能品尝到幸福的滋味。

第七章

接受苦难的磨砺，
　　　增加幸福的重量

不经历风雨，难遇见幸福

在漫长的人生旅途中，固然有许多称心如意的事，但不如意的事情也常常是无法避免的。

一个小和尚整天念经念烦了。一天夜里，他做了一个奇怪的梦。他梦见自己在去阎罗殿的路上，看见一座金碧辉煌的宫殿，宫殿的主人请求他留下来居住。

小和尚说："我天天忙于念经，现在只想吃、睡，我讨厌看书。"宫殿的主人答道："若是这样，那么世界上再也没有比这里更适合你居住的了。我这里有丰盛的食物，你想吃什么就吃什么，不会有人来阻止你。我这里有舒服的床铺，你想睡多久就睡多久，不会有人来打扰你。而且，我保证没有经书给你看，也没有任何佛法要你领悟。"

小和尚高高兴兴地住了下来。开始的一段日子，小和尚吃了睡，睡了吃，感到非常快乐。渐渐地，他觉得有点寂寞和空虚，于是就去见宫殿的主人，抱怨道："这种每天吃吃睡睡的日子过久了也没有意

思，我对这种生活已经提不起一点兴趣了。你能否给我找几本经书来，给我讲讲佛法的故事？"

宫殿的主人答道："对不起，我们这里从来就不曾有过这样的事。"又过了几个月，小和尚实在忍不住了，就去见宫殿的主人："这种日子我实在受不了了。如果你不给我经书，我听不到佛法，我宁愿下地狱，也不要再住在这里了。"宫殿的主人笑了："你认为这里是天堂吗？这里本来就是地狱啊！"

我们不要轻视自己的力量，长流的细水可以滴穿坚硬的石头，柔弱的小草可以改变大地的颜色。只要我们敢于经历风雨，就一定能见到幸福的彩虹。岁月不等人，从现在开始，把握当下的每时每刻，以挚诚的心去经历风雨，你就拥有了创造幸福奇迹的力量。没有人会一帆风顺，不受任何委屈。通常我们不是被不幸击倒，而是自己因不愿经历风雨才沦为不幸的"奴隶"。

幸福的背后藏着战胜痛苦的努力和艰辛历程。生活是享受与受苦、幸福与悲哀的混合，人无论智愚富穷，都会经历幸福中的某种苦难，这才是经历风雨的幸福人生。

人生途中，有些命运是无法逃避的，有些环境是无法更改的，有些苦难是难以磨灭的，有些痛苦是难以搁置的……与其被动地承受，不如勇敢地努力面对；与其寄居檐下，不如展翅高飞；与其在沉默中孤寂，不如在努力的抗争中爆发……阻力虽大，艰险虽多，但只要经历风雨走过去，精彩的幸福就会到来。

畏首畏尾的人是不能掌握自己的命运的，只有内心强大的人才会赢得真正的幸福。

在滑铁卢战场上，法军与英军展开鏖战。在双方僵持不下的时候，法军统帅拿破仑需要一支军队来支援。实际上，在离法军不远处，就有这样一支队伍。只不过，这支军队的统帅是格鲁希元帅。格鲁希是个循规蹈矩、墨守成规出了名的人。他手中统领着法国1/3的军队，他的任务是在战斗打响之后追击普鲁士军队，防止普鲁士军队与英军会合。格鲁希并没有意识到整个法军乃至整个战局的发展都掌握在他的手中，他仍旧按照战前制订的计划去追击普鲁士军。但是，敌人始终没有出现，被击溃的普军撤退的踪迹也始终没有找到。就在这个时候，拿破仑的军队与英军激战正酣，在所有人都认为应该增援拿破仑的时候，格鲁希犹豫了。长期以来，他习惯了听命行事，在他的意识里，他就是要执行拿破仑让他追击撤退的普鲁士军队的任务。因为他的意识中"追击普军"始终主宰着他的思维，虽然副手给予了他一定的建议，但是他拒绝了。他心中只有成文的命令，并不去倾听远方炮声的召唤。

正是这个意识决定了格鲁希的命运，也决定了拿破仑的命运，甚至决定了整个欧洲的命运。在法军节节溃败时，拿破仑怒问苍天："格鲁希在哪里，他究竟待在什么地方？"

有时候，人们常常不愿意主动经历风雨，而把命运交给漫长的一生去隐忍，去磨砺，殊不知，决定成败的那一刻，往往是借助心中的

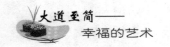
勇气来完成的。只有敢于经历风雨，始终保持从容不迫、积极乐观的心态，才能产生正确的行为，才能使自己的品性不断得到升华，才能使自己的事业不断获得成功。

一个大学毕业生应聘到一家大酒店上班，这是她步入社会的第一步，她很激动，暗下决心：一定要好好干，让自己迈出辉煌的第一步。然而，令她万万没有想到的是：上司竟安排她去洗刷厕所！洗刷厕所，对于一般人来说是不屑一顾的，更何况她这个刚毕业的女大学生，她心理上的失落可想而知。

当她试着用白皙细嫩的手把抹布伸向马桶时，胃里立即条件反射，一时间翻江倒海，想吐却又吐不出来，简直太难受了。然而，更令人难以忍受的是，上司要求她必须将马桶洗刷得光洁如新！对于一个大学生来讲，这一工作真的难以实现什么"人生理想"。在困惑、苦恼、沮丧之余，她的眼泪不知不觉地淌了下来。此时的她面临着两种选择：要么继续干下去，要么另谋职业。继续干下去，真是太难了；另谋职业，等于知难而退。在人生之路的起步阶段就打"退堂鼓"，她不甘心就此败下阵来。

她想起当初的决心：人生第一步一定要走好，千万不可马虎！

就在她在人生的十字路口举棋不定、彷徨犹豫的时候，已经工作多年的一名老员工及时地出现在她面前，帮助她摆脱了困惑与苦恼。那名老员工并没有滔滔不绝地给她讲什么空洞的大道理，只是亲手示范了一次给她看。他弯下腰去一遍又一遍地刷洗着马桶，直到马桶的每个缝隙和每一细处都找不到一丝污垢。当时，她看得目瞪口呆，同时也恍然大悟："就算一辈子洗刷厕所，也要做一个洗刷马桶最出色的人！"风风雨雨几十年后，她从一名洗厕工成长为日本政府的邮政大臣。她的名字叫野田圣子！

不经历风雨，难见到幸福。野田圣子以她的实际行动向我们证明了经历风雨对于收获幸福人生的意义。

愈挫愈勇才更珍惜幸福的不易

　　人生总会遇到挫折，会有低潮，会有不被人理解的时候。生活中的不幸对于脆弱的人来说是一场灾难，但对于坚强的人来说则是一次锻炼。每一次风吹雨打，都会让人变得更加坚强地去迎接明天的太阳，每一次苦难折磨都会让人更加清醒地去面对人生的各种问题，让人更加成熟和坚韧。

　　一个人的奋斗历程当中，难免有挫折、失败或者天灾人祸，但这些都不可怕，愈挫愈勇才能更珍惜幸福的不易。坚强的人不患得患失，而是把每一次挫折和失败当作一次锻炼，坚定自己的意志，增强自己的信心。他们对今天有进取心，对昨天有平常心，他们保证今天比昨天前进一点点，愈挫愈勇，追求幸福。

　　温斯顿·丘吉尔从担任英国海军大臣开始，始终位居权力的顶端，掌握着国家的命运。当然，他也竭尽心力地发挥自己的才能。小时候，丘吉尔就立志当一名军人。后来，他终于如愿以偿。从陆军大学毕业后，他以职业军人的身份在英国陆军服役数年。他以果敢的行动著称，在 26 岁时就当选为议会议员。他的一生看似平步青云，不过，他学生时代的学业非常差，在预备学校，他的成绩经常是班上最后一名。

后来，丘吉尔三次参加陆军大学的入学考试，结果都落榜，直到第四次才考取。毕业后的他，发觉自己似乎什么都不懂。为了弥补自己的不足，丘吉尔下定决心要以自学的方式研读更高深的学问。当时，他是驻印度的军官，在酷热的下午，当其他军官都在睡午觉时，他潜心阅读各种书籍。几年后，他把这些知识一一呈现在他那行云流水的著作或演说中。后来，丘吉尔成为一名大政治家及最具魄力的演说家之一。

愈挫愈勇是获得斑斓多姿、丰富多彩的幸福的基础和保证。愈挫愈勇的人善于学习，他们承认差距、正视差距，理解危机中包含着转机；他们不叹息、不沮丧，相信自己，把差距化为动力，通过每一次的失败不断进取，缩小现有的差距去追求幸福的目标；他们珍惜幸福的不易，不放过任何一个机遇；他们不断争取，不断超越自己，追求幸福的人生！

一个人面对困难时是愈挫愈勇、乐观地迎接挑战，还是消极被动地诅咒人生的凄风苦雨，取决于他对待生活的态度。

美国的杰斯特·哈斯顿是一个地地道道的黑人，但他却是一个受人欢迎的"国宝"。在美国境内所有的合唱团，都免不了唱上一两首他创作的歌曲；在黑人灵魂音乐的创作上，他也是世界级的顶尖高手，无人能及。

有一次别人问杰斯特："杰斯特,你有没有遭受过种族歧视?""噢,我这辈子一直都受到歧视。不过,我认为自己不该反应过度,因此,我尝试对别人的歧视充耳不闻。虽然我无法完全释怀,但我从不记恨。"

有一次,在拉斯维加斯的万人演唱会上,杰斯特用真情演唱了一首《我的梦想在你那儿》。唱完之后,他很动情地说:"我和大多数美国人一样,热爱我们这个国家,但是我的肤色却使我和有些人不同,这没关系。你们都是欣赏力极高的听众,肯定了我的歌喉不是虚假的,而是为了你们的快乐唱出了一种梦想。"

说完,雷鸣般的掌声此起彼伏。杰斯特·哈斯顿积极乐观的人格魅力感染了众人,也为自己争得了荣誉。

愈挫愈勇就是一鼓作气地勇往直前,这样的精神在每一次迎接人生的挑战时都适用,这样的人更加珍惜幸福的不易。

人生犹如一只在大海中航行的帆船,掌握帆船的航向与命运的舵手是人自己。有的帆船能够乘风破浪、逆水行舟,有的帆船却经不住风浪的考验,过早地离开了大海或是被大海无情地吞噬。之所以会有如此大的差别,原因无二,是因为舵手对待生活的态度不同。愈挫愈勇的人被乐观主宰,即使在风口浪尖上也不忘微笑;悲观抱怨的人则即使遇到一点风浪也会心有余悸、胆战心惊。在人生的航行中,我们要积极乐观,愈挫愈勇,去努力珍惜幸福的不易,去把握自己的人生。

吃得苦中苦，方知幸福甜

贝多芬说过："苦难是人生的老师，通过苦难，人才能走向欢乐。"

逆境意味着苦难，当人们面临逆境时，往往会陷入悲观、绝望的漩涡中。要冲破逆境，最终到达顺利的彼岸，我们就要吃得苦中苦，永远怀有希望和信心，坚持宠辱不惊的正确态度。

孟子说："天将降大任于斯人也，必先苦其心志，劳其筋骨，饿其体肤，空乏其身，行拂乱其所为。"这就是逆境，逆境会给人以宝贵的磨炼机会。所以苦难其实是人生宝贵的财富。

每一个挫折、每一个打击、每一个伤痛，都是上天最好的礼物；每一个逆境、每一个困难、每一个磨炼、每一个压力，都是成长最好的助推剂。苦难不是一成不变的，困境也不是永远的。如果你害怕吃苦，在苦难中一蹶不振，你将面临一事无成的不幸；如果你不愿正视苦难，只是一味地逃避，你将在无形中失去很多宝贵的幸福；如果你昂扬向前，幸福的希望就会永远闪动着，不断激励你前行；如果你百

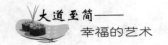

折不挠，尽管苦难每一次都百般挤压你，但你每次都会充满韧性地弹跳而起，继续前进；如果你面对苦难粲然微笑，生活必会回报你绿意与芬芳……

很多时候，人之所以陷进不幸的漩涡，是因为不愿意吃苦受难，可是，在很多情况下，人生只有通过了经受痛苦、陷于困境的考验，才能体会到欢乐。

母亲和两个孩子背井离乡，辗转各地，好不容易得到某一家人的同情，把一个仓库的一角租借给他们母子三人居住。在只有三张榻榻米大小的空间里，她铺上一张席子，放上一个没有灯罩的灯泡、一个炭炉、一个吃饭兼孩子学习用的小木箱，还有几床破被褥和一些旧衣服，这是他们的全部家当。为了维持生活，母亲每天早晨六点离开家，先去附近的大楼做清扫工作，中午去学校帮助学生发食品，晚上到饭店洗碟子，结束一天的工作回到家里已是深夜十一二点钟了。于是，做家务的担子全都落在了大儿子身上。为了一家人能活下去，母亲披星戴月，从没睡过一个安稳觉。他们就这样生活着，半年、八个月、十个月……做母亲的哪能忍心让孩子这样苦熬下去呢？她想到了死，她想和两个孩子一起离开人世，到丈夫所在的地方去。

有一天，母亲泡了一锅豆子，早晨出门时，给大儿子留下一张纸条："锅里泡着豆子，把它煮一下，晚上当菜吃，豆子烂了时少放点酱油。"这天，母亲干了一天活，累得疲惫不堪，实在失去了活下去的勇气，于是，她偷偷买了一包安眠药带回家，打算当天晚上和孩子们一块死去。她打开房门，见到两个儿子已经钻进席子上的破被褥里，并排入睡了。忽然，母亲发现大儿子的枕边放着一张纸条，便有气无力地拿了起来。只见上面这样写道："妈妈，我照您纸条上写的那样，认真地煮了豆子，豆子烂时放进了酱油。不过，晚上盛出来给弟弟当菜吃时，弟弟说太咸了，不能吃。弟弟只吃了点冷水泡饭就睡觉了。妈妈，实在对不起。不过，请妈妈相信我，我的确是认真煮豆子的。妈妈，求求您，尝一粒我煮的豆子吧。妈妈，明天早晨不管您起得多早，您都要在临走前叫醒我，再教我一次煮豆子的方法。妈妈，今天晚上您也一定很累吧，我心里明白，妈妈是在为我们操劳。妈妈，谢谢您。不过请妈妈一定保重身体。我们先睡了。妈妈，晚安！"

泪水从母亲的眼里夺眶而出。"孩子年纪这么小，都在顽强地陪着我生活……"母亲坐在孩子们的枕边，伴着眼泪一粒一粒地品尝着孩子煮的咸豆子。一种必须坚强地活下去的信念从母亲的心里生长出来。她摸摸装豆子的布口袋，里面正巧还剩下倒豆子时残留的一粒豆子。母亲把它拣出来，包进大儿子给她写的信里，她决定把它当作宝贝带在身上。

无论你身处的环境有多苦，请坚持下去，日后你一定会收获幸福。

贫穷不是拒绝幸福的理由

　　贫穷能使我们看见许多东西，也使我们看不见许多东西。假如没有黑夜，我们便看不到闪亮的星辰。因此，即使我们曾经一度经历难以承受的痛苦磨难和贫穷的日子，也不要失去追求幸福的权利。贫穷不是完全没有价值的，它会使我们的意志更坚定，思想更成熟，人格更有魅力。

　　20 世纪 80 年代初的卡尔加利还是一个小城市，当时经济不太好，法伊娅找工作无果，就开始为一个私人雇主编写程序。六个月后她前往雇主家中查询，发现该地址已人去楼空，过去几个月的工作完全白费，工资报酬自然没有拿到。虽然没有报酬，但第一份工作成了她的"敲门砖"。法伊娅此后在一家公司的电脑部门做编程工作，后来也换过几家公司。经过多年的努力和经验积累，她成为贝尔公司加拿大地区的副总裁。然而在为贝尔公司工作了十多年后，她在机构重整中和其他二十多位副总裁一同被"请"出大门。她坦然道，这是她职业生涯中的一次巨变。可她幸福地笑言："终于可以休一个长假了，我要好

194

好调整身心。"说到今后的打算，她把这次变更看作是新的机遇和挑战，她想去做一些自己真正喜欢做的事情。

这位在一般人眼中幸福的成功女性，从一句英文都不会的留学生到加拿大最大的电话通信公司的副总裁，用她自己的经历告诉我们，成功的幸福是可以从一穷二白中开始的。

人人都有摆脱贫穷、追求幸福的权利，只要你想做，你就能做到。美国第 20 任总统向我们证明了这个道理：

一天，一个衣着破旧的男孩出现在美国俄亥俄州一位非常有名气的农场主泰勒先生门前。男孩非常诚恳地请求泰勒先生给他一份工作，并表示无论什么工作，他都会尽全力做好。泰勒先生见男孩举止稳重、言辞恳切，不像是个浮躁懒惰的年轻人，便同意了男孩的请求。泰勒先生给了男孩一份相当繁重的工作——负责整个农场的杂务。

泰勒是当地一位极为成功的农场主，他的农场规模在俄亥俄州首屈一指。这么大一家农场，杂务多得令人难以想象：挤牛奶、修剪树木、收拾残汤剩饭、清洗猪圈、喂猪……但男孩没有让泰勒先生失望，他以他的勤快、认真和条理性从容应对农场的烦琐杂务，将农场打理得井井有条。男孩不仅让泰勒先生极为满意，也引起了泰勒先生的女儿琼丝的注意。一天晚上，琼丝散步路过杂货仓，她知道男孩到农场后就住在这里，当她看到杂货仓里露出微弱的灯光后，就好奇地趴在窗户上想看看男孩在干什么。她惊讶地发现，男孩居然在一天的

劳累之后，正专注地在油灯下读书。琼丝走进杂货仓，发现原先杂物横陈、脏乱不堪的货仓被他收拾得干干净净，他正在读一本高中课本。他告诉琼丝，他父亲在他很小的时候就去世了，所以，他只能边打工边学习。男孩还告诉琼丝，等他在农场里挣够了学费，他就去上大学。

时间一天天过去，男孩的勤奋、好学、聪明，以及他的远大抱负，都深深地打动了琼丝，男孩也在不知不觉间被美丽、善良又温柔的琼丝所吸引。终于有一天，在琼丝的一再鼓励下，男孩向泰勒先生表达了他对琼丝的爱慕之情。泰勒先生一听惊呆了，一个穷得叮当响的臭小子，居然敢追求他的宝贝女儿，这简直是对他的污辱。尽管男孩向泰勒先生保证：他一定要让琼丝过上幸福美满的生活，而且他坚信自己有这个能力，但泰勒先生对男孩说："我承认你是个好小伙，但是我坚决不会让我的女儿嫁给一个一贫如洗、没有任何社会地位的人。"

男孩表示这只是暂时现象，通过他的努力，一定能改变这种状况。泰勒先生讽刺道："你知道我的农场能有今天的规模花了多长时间吗？这是从我爷爷开始三代人努力的结果啊！等你有钱、有地位的时候，琼丝恐怕也变成老太婆了。"无论男孩和琼丝怎么苦苦哀求，都无济于事。伤心绝望的男孩默默地整理好自己的行李，向琼丝洒泪辞别。

转眼 35 年过去了。时间到了 1880 年，泰勒先生已经是步履蹒跚的老人了，他让人拆掉了那间杂货仓，因为农场进一步扩大了，需要盖一间更大的货仓。在拆掉的一根木柱上，人们发现上面刻着这样一行小字：1845 年春天，詹姆斯·艾布拉姆·加菲尔德在此打工。这个名字，包括泰勒先生在内的所有人都耳熟能详，因为，他刚刚当选为美国第 20 任总统。

琼丝由于父亲泰勒先生的顽固阻挠，与"第一夫人"的尊荣擦肩而过，后来在父亲的撮合下，与俄亥俄州一位州议员的儿子结为连理，几年后郁郁而终，芳华早逝。

我们要相信自己的能力和价值，并深信自己一定能摆脱贫穷，这也是追求幸福的积极的人生态度，因为，幸福只属于有信心、有毅力的人。

1472 年，在意大利佛罗伦萨市芬奇镇一座破旧的贫民窟里，一个年轻人浑身都是雨水地蜷缩在一个角落里。外面大雨滂沱，这所房子正在风雨中飘摇。

这个年轻人曾经有过幸福的童年，他的父亲是一位有名的公证人。年轻人受过良好的教育，有着明朗、活泼和积极向上的性格，他一直憧憬着自己将来能够出人头地，超越身边所有的年轻人。他把所有的梦想都凝聚到一支画笔上，希望通过自己的努力能够实现梦想。

但他十岁时，他的父亲喜欢上了一位富家小姐，把所有的财产都给了那位小姐，只留下他和他的母亲流落在街头乞讨。从此，他一无所有，只有母亲的谆谆教导和一个画家的梦陪伴着他。三年后的一

天，他的母亲生了病，不久便永远地离开了他。他画过许多画，也在街头出售过，但所有人都不认可他的劳动成果。他万念俱灰，但为了那个依然鲜活的梦想，他鼓励自己必须活下去。他曾想过去找他的生父，但犹豫过后还是没去。现在，他只有沦落到贫民窟，和穷人一起抢地铺，然后把自己扮成一个乞丐。

雨停时，他闻见一阵清香。对面是一家富人开的饭店，正是晚上吃饭的时间，他多想和那帮小乞丐一样凑上前去。忽然间，他发现对面厨房的窗玻璃前放着一个鸡蛋，它是如此生动，那就是一种灵感，一种从内心深处闪现的原动力。他忘掉了饥饿，忘掉了寒冷，他跑出贫民窟，手里拿着他的画笔——他要临摹它。接下来的几天里，这成了他唯一的目标和工作，他每天掏出自己的画册，把那个鸡蛋当成一件艺术品，郑重地开始画出自己的作品。所有的小乞丐都围着他嘲笑，但他完全如入无人之境。这个人就是达·芬奇。

不惧贫穷，追求梦想，铸就了达·芬奇昂然向上的品格，最终他不仅成为一名杰出的画家，他的艺术作品也永远地载在世界艺术画廊里。上天给了他一个鸡蛋，他便牢牢抓住信念的翅膀，不停地追求、奋斗，终于迎来了幸福的阳光。

压力再大不低头，幸福终将垂青你

科学研究证实，一定的压力有助于人的成长。压力能激发出人内在的潜能，使人发挥最佳表现并有所成就。

斯宾塞·约翰逊说得好："只要人在压力中养成凡事都看好的一面的习惯，其代价将胜过年薪 1000 英镑的收入。"人生的成功，不在于拿到一副好牌，而是怎样将"烂牌"打好。遇到任何困难、艰辛、不平，都不能逃避压力，因为逃避不能解决问题，人只有用智慧把责任担负起来，才能真正从压力下获得解脱。

有一个人在创业之初，天天喊生意不好做，月月抱怨收入甚微，到了年底，更是大呼要关门大吉。他说压力太大，实在没法承受了。后来一位朋友对他说："压力面前不低头，坚持下去就会迎来曙光。"这人一想，人哪有不能承受的压力呢？实际上，压力再大，只要有决心，就什么都不怕，最难的是能不能有下定决心去做某件事的勇气。从此，他咬牙坚持，不抱怨，不诉苦。现在他已经渡过了这个难关，开起了公司，也在自己的事业中实现了自己的幸福追求。

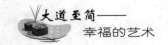

生活中，压力常常会有，谁都无法避免。有的人受到压力后一蹶不振，有的人在压力下却过得很有意义。这其中的诀窍就在于，前者是悲观地面对压力，而后者能对压力进行有效地调节。饭要一口一口吃才能吃饱，路要一步一步走才能走得长远。面对压力也一样，不可能一次解决完所有的压力，但只要有压力再大不低头的决心，幸福终将垂青你。

压力如同一把双刃剑，可以通过克服它争取幸福，也可以让它肆意割伤自己，这在于你握住的是刀刃还是刀背。很多人在面临压力时，往往手足无措，没有解决办法，其最主要的原因就在于他们从精神上拒绝压力，而不是诚心地正视和正当地解决它。其实那些感觉生活幸福的人，与其他人相比并没有什么两样，唯一不同的是，他们能够有条不紊地解决生活压力。

亚伯拉罕·林肯，生下来就一贫如洗，终其一生大多在面对挫败，八次选举八次落选，两次经商失败，甚至还精神崩溃过一次，他能够承受这些失败的压力本身就已经是巨大的胜利了。很多次，他本可以放弃，但他并没有放弃，也正因为他没有放弃，因而最终成为美国历史上最伟大的总统之一。

纵观历史上的伟大人物，如太史公所言："文王拘而演《周易》；仲尼厄而作《春秋》；屈原放逐，乃赋《离骚》；左丘失明，厥有《国语》；孔子膑脚，《兵法》修列；不韦迁蜀，世传《吕览》；韩非囚秦，《说难》、《孤愤》；《诗》三百篇，大抵圣贤发愤之所为作也。"这些圣贤都是在经历挫折、压力的洗礼后，才成长起来的。他们在艰难困苦面前有一种坚持的精神，最终做出了一番不朽的功绩，成就了一代伟人。

世事没有一成不变的，就像月亮一样有阴晴圆缺。太阳落下去了还会从东方升起，不幸的日子总有熬到头的那一天。人只要活着就要充满希望，而坚持压力再大不低头的决心，就是一种生活态度。拥有了这种态度，人就会开拓自己的人生之路，而坚持，是成功人士做事的法则，有了这条法则，人才会珍惜自己努力获得的宝贵的幸福。

在压力面前，我们应该保持镇静，学会从压力中找到"契机"。一个人能力再强，心理承受能力再好，也需要有一个很好的人生态度来缓解自己的工作和生活压力。人像一根弦，绷得太紧了，就会断掉。一些研究表明，人们在面对巨大压力的时候，会产生兴趣下降、意识模糊等反应。因此，人要学会从压力当中抽身出来，转移注意力。

人的生活理应是多姿多彩的，那些在重压下感到忧郁、缺乏信心的人，往往是缺乏自信的人。人要想得到真正的幸福，就要接受生活的挑战和压力的磨炼。一个人要学会取舍，学会善待自己，学会轻装上阵，学会放下压力，学会积极地调节自己的情绪，这样才不会被压力所打败，才会享受成功的幸福人生。

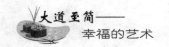

扼住命运的"咽喉"，书写幸福的人生

奥斯特洛夫斯基说过："人的生命似洪水在奔流，不遇着岛屿、暗礁，难以激起美丽的浪花。"

人的幸福因不同的体验而延伸，意志因磨砺而坚强，人生因不断进取与选择而精彩。人要幸福，就要在委屈中平衡，在妥协中前行，在谦虚中充实，在放弃中收获，在进取中完善。可是，在现实中我们能否做到这些呢？

在困苦的环境中，发牢骚、愤怒和滋生欲望是幸福的大敌。当在生活或工作中不得志时，人往往会发牢骚，牢骚多了，幸福就少了；遭人侮辱、遭人诽谤时，愤怒就会占据人的心灵，愤怒多了，幸福就少了；当事业小成或生活在顺境中，越来越以自我为中心时，欲望多了，幸福就少了。人生的幸福与否取决于一个人能否战胜自己，扼住命运的咽喉。

不论过去遭遇过什么事情，人只要有良好的心态，从容地正面接受考验，把困难化作动力，持续不懈地努力，就一定能走上幸福之路！

　　11 岁的英国男孩比利·埃利奥特是电影中的一个传奇人物，影片中，他想成为一位古典芭蕾舞舞蹈家。比利面临这样的挑战：他生活在一个极具男子气的家庭里，他家所在的小镇上的男人们都想成为具有男子汉气概的人，他的家里人希望他能成为一个拳击手。比利的父亲和哥哥都是男子气十足的人，对他想成为舞蹈家的愿望十分厌恶，因为在他们眼里跳舞的男人和胆小鬼一样，所以，他们极尽所能地想打消比利的愿望，并且要把他变成一个"真正"的男人。

　　家人的反对并没有动摇比利的决心，比利仍坚持追求他的梦想。最终比利赢得了去一所有声望的舞蹈学校学习的机会，这所学校将给他提供一个梦想成真的机会。最初，比利的家人不理解这个他们认为完全荒谬的想法，但过了一段时间，他们意识到比利是发自内心地喜欢这个行业，于是渐渐地在他追求梦想的过程中给予他支持。在这期间，他的父兄和他之间的隔阂也逐渐消除。最后，经过许多冲突和磨难之后，全家人团结一心，共同支持比利成为舞蹈家的计划。当比利收到自己一直期待的学校通知他是否被录取的来信时，大家都屏住呼吸，急不可耐地想知道结果。

　　其实，无论比利是否被学校录取都不重要了，在比利的追求过程中，他不放弃心中的理想，使他内心的力量大大地增强。同时，在他获得家人理解和支持并化解与父兄多年成见的过程中，一家人也经历了终身受益的过程。他们获得的是无价的人生教训，无论信中是什么结果，比利及家人都是成功的，并且是幸福的。

人们极易受结果比过程更重要的观念的欺骗，幸福感其实是在奋斗的过程中产生的。事实表明，在追求某一目标时，人们想得到的东西只是内心力量发展的副产品，幸福感才是关键，真正的幸福不是"怎样做成它"，而是"在这过程中，你的内心有了什么变化"。

一位母亲的做法有力地向我们证明了这一点：

有一天，这位母亲和儿子一起种黄豆，她把种子埋得很深。过了几天，她带儿子去察看。翻开土壤，发现很多种子都生出了长茎，顶端是两瓣黄黄的嫩芽，柔弱的生命正在土壤的空隙中七拐八弯地往上生长，很快将要破土而出。儿子惊讶地问她："妈妈，小苗长眼睛了吗？""没有。"她回答。"那它们怎么知道都要往上长，而不往下长呢？""因为它们要寻找自己的太阳和幸福，没有幸福的阳光，它们最终会死的。"

"妈妈，要是没有阳光，我们人也会死吗？"儿子又问。母亲对他说："孩子，你放心，不会没有阳光的。只要扼住黑暗的咽喉，人就一定能得到幸福的阳光。"

其实，人的生命里时常会有失去阳光的日子，就像种子被埋在土里一样。扼住命运的咽喉，就像埋得很深的种子，固然生长艰难，但经历风霜后必定能根深叶茂。

威廉·丹福斯曾经有一个美好的开始。最初，他的事业一帆风顺。他投身商界不久，就从一名推销员发展到了控股一家饲料公司，并把它改名为拉尔斯顿·布宁纳公司。美国畜牧业的发展显示了这家经营饲料的公司的光明前景，踌躇满志的年轻的丹福斯也欲大展宏图。

不料天有不测风云。1896 年 5 月，美国圣路易市历史上最猛烈的龙卷风顷刻将这家公司夷为平地，也将丹福斯从顶峰打到谷底，他的计划全部泡汤。这场横祸令丹福斯几乎一无所有。但这场浩劫也许也正是促使他取得了更大成就的动力。丹福斯不向命运妥协、低头，他抖擞精神，重整旗鼓，积极迎接挑战。他立志要重建拉尔斯顿·布宁纳公司。

丹福斯施展他在推销方面的才能，四处游说。他的第一步便是设法从当地一个银行家那里取得一笔担保的贷款。不久之后，他便在原来的旧址附近重新建起工厂。颇具商业天赋的丹福斯性格坚毅，足智多谋，好几次力挽狂澜，取得意想不到的成功。

1898 年，丹福斯开始推出一种营养丰富的全麦食物，后来，这种产品深得一位著名的健康协会主席的赞许。丹福斯干脆就以这位主席的名字为这种产品重新命名，之后这种产品声誉鹊起。

1904 年，丹福斯发现公司收到了一大批大小不符合规格的纸制面粉袋，如果丢掉，无疑是笔不小的浪费。丹福斯灵机一动，下令为每个袋子装上提环，把这批袋子改为购物袋。当时圣路易市正在举行世界博览会，丹福斯随即把这些购物袋免费赠送给博览会观众，这样无形中就等于让这些观众拿着印有公司红白方格标志的袋子替布宁纳公司的产品作了宣传。

丹福斯一贯重视产品的质量。1916年，他建立了一个分析实验室作为公司的一项重要设施，并利用这个实验室研究开发生产营养更高的配制饲料，从而使公司取得在该行业中的领导地位。

丹福斯还鼓励下属和同事接受他的"幸福哲学"：顶天立地，思想远大，笑逐颜开，生活畅快。在这些思想的指导下，公司里的每个人处处都能体会到幸福感，显示出热情的活力，勇于接受挑战。

人幸福与否，不在于目的是否达到，而在于追求本身及其过程。热情地投入到充满活力、不断变化的生活中去吧！扼住命运的"咽喉"，奋笔书写幸福的人生！

幸福的生活自己来创造

一个清晨，在一列老式火车的卧铺车中，大约有六个男士正挤在一个洗手间里刮胡子。经过了一夜的疲惫，次日清晨通常会有不少人在这个狭窄的地方进行一番漱洗。此时的人们多半神情漠然，彼此也不交谈。就在此刻，突然有一个面带微笑的男人走了进来，他愉快地向大家道早安，却没有人理会他，或只是在嘴巴上虚应一番罢了。之后，当他准备刮胡子时，他竟然自若地哼起歌来，神情显得十分愉快。他的这番举止令一些人感到极度不悦，于是一个人冷冷地带着讽刺的口吻问这个男人："喂！你好像很得意的样子，怎么回事呢？"

"是的，你说得没错。"这个男人这样回答，"正如你所说的，我是很得意，我真的觉得很愉快。"然后，他又说道："我是把使自己觉得幸福这件事当成一种习惯罢了。"

幸福的生活要自己创造，自己努力了多少，幸福就有多少。

一个瞎子和一个瘸子结伴去寻找一种仙果。他们一直走呀走，翻山越岭，历经千辛万苦，头发开始斑白。有一天，瘸子对瞎子说：

"天哪！这样下去哪有尽头？我不干了，受不了了。""老兄，我相信不远了，会找到的，只要心中存有希望，就会找到的。"瞎子说。可瘸子执意要待在途中的山寨中，瞎子便一个人上路了。由于瞎子看不见，不知道该走向何处，他碰到人便问，人们也好心地指引他。尽管路途艰辛，可他心中的希望未曾改变。终于有一天，他到达了那座山，他全力以赴地向上爬，快到山顶的时候，他感觉自己浑身充满了力量，好像年轻了几十岁，他向身旁摸索，摸到了果子一样的东西，放在嘴里咬一口。天哪！他复明了，什么都看见了——树木葱郁、花儿鲜艳、溪水清澈、果子长满了山坡。他朝溪水俯身看去，自己竟变成了一个英俊年轻的小伙子！

准备离去的时候，他没有忘记替同行的瘸子带上两个仙果。到山寨的时候，他看到瘸子拄着拐棍，变成了一个头发花白的老头。瘸子认不出他了。当他们相认后，瘸子吃下那果子，却丝毫未起任何变化。瘸子终于知道，只有靠自己的行动，才能换来成功和幸福。

人的一生，就好比一场激烈的比赛，自己行进的每一步都非常重要，决定了自己未来幸福与成就的大小。在挫折和烦恼面前，彷徨、退却是没有意义的。唯有迎难而上、勇于挑战，才能走好人生的每一步，直至到达成功的巅峰。

爱迪生说："只有树立远大的志向，不断去努力和拼搏，才能体会到生活的意义。"原本就幸福的生活是没有的，幸福是大是小都要靠自己去争取，靠自己用双手去创造，否则，就是在浪费生命。

美国作家欧·亨利在他的小说《最后一片叶子》里讲了这么一个故事：

病房里，一个生命垂危的病人从房间里看见窗外有一棵树，树叶在秋风中一片片地掉落下来。病人望着眼前的萧萧落叶，身体也随之每况愈下，一天不如一天。她说："当树叶全部掉光时，我也就要死了。"

一位老画家得知后，用彩笔画了一片叶脉青翠的树叶挂在树枝上。最后一片叶子始终没掉下来。只因为生命中的这片绿，那个病人竟奇迹般地活了下来。

希望之光可以创造生命和幸福的奇迹，也能改变人的生活态度，它是化腐朽为神奇的力量，是人人都需要的宝贵财富，千万要珍惜它，不要让它失去原有的光彩。

一个小女孩趴在窗台上，看到窗外的人正埋葬她心爱的小狗，不禁泪流满面，悲恸不已。她的外祖父见状，连忙引她到另一个窗口，让她欣赏玫瑰花园。果然，小女孩的心情顿时明朗起来。老人托起外孙女的下巴说："孩子，你开错了窗户。"

关上悲伤的窗户，打开光明的窗户，也许你就看到了希望。

人生可以没有很多东西，却唯独不能没有创造幸福的希望。幸福的生活要靠自己创造，无论什么时候，我们都要怀有希望，这样才不会浪费上天给予我们的最宝贵财富——时间。

第八章

放飞心灵，

幸福就在"现在"

放慢生活的脚步，幸福在不远处等你

巴尔扎克说："我们不可能在晚秋时节还会找到我们在春天和夏天错过了的鲜艳花儿。"

放慢生活的脚步，你才能发现幸福原来在不远处等你。

这个世界上最不幸的事情，莫过于当你想要做一些事情时，却发现最佳的时机已经错过。

当你决定为曾经的某个梦想奋斗时，灵感和激情早已不在；当你懂得珍惜那个等候过你的人时，他已不在原地；当你想要停下来跟自己的家人享受天伦之乐时，他们早已离开；当你想要美美地化个妆，赴一场久违的约会时，美貌和青春已成回忆……

为什么我们不放慢生活的脚步，在正确的时间做正确的事情呢？为什么我们要等到真正错过后才追悔莫及呢？许多人后悔当初要忙着工作，忙着奋斗，忙着出人头地，忙着应酬，以致无暇顾及自己的父母、爱人、孩子、朋友，可是某一天当你想要给自己一个弥补的机会时，父母早已亡故，妻离子散，朋友已成陌路，不相往来。

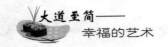

一位父亲下班回到家很晚了，很累并有点烦，发现他 5 岁的儿子正靠在门旁等他："我可以问你一个问题吗？""什么问题？"

"爸爸，你一小时可以赚多少钱？""这与你无关，你为什么问这个问题？"父亲生气地回答。

"我只是想知道，请告诉我，你一小时赚多少钱？"儿子哀求道。

"假如你一定要知道的话，我一小时赚 20 美元。"

"哦，"儿子低下了头，接着又说，"爸爸，可以借我 10 美元吗？"

父亲发怒了："如果你问这问题只是要借钱去买毫无意义的玩具的话，给我回到你的房间并到床上去。好好想想为什么你会那么自私！我每天长时间辛苦工作，没时间和你玩小孩子的游戏！"

儿子听完，安静地回了自己的房间并关上了门。

父亲坐下来后还在生气。过了一会儿后，他平静下来了，开始想着他可能对孩子太凶了——或许孩子真的很想买什么东西，再说他平时很少要过钱。

父亲走进儿子的房间，问："你睡了吗？""爸，还没，我还醒着。"儿子回答。

"我刚刚对你太凶了，"父亲说，"我将今天的气都发出来了——这是你要的 10 美元。"

"爸，谢谢你。"儿子欢叫着从枕头下拿出一些被弄皱的钞票，慢慢地数着。

"为什么你已经有钱了还要？"父亲生气地问。

"因为这之前不够，但我现在够了。"儿子回答，"爸，我现在有20美元了，我可以向你买一个小时的时间吗？明天请早一点回家，我想和你一起吃晚餐。"

难道我们不应该放慢生活的脚步，花一点时间来陪那些在乎我们、关心我们的人吗？如果你疲于奔命，自认为在苦苦追求幸福，自认为用时间可以换取金钱，却不愿意给家人挤出些时间来享受亲情和快乐，在奔忙中幸福只会离你越来越远，你只会留下孤单的叹息。

快乐每一天，活出幸福的滋味

人的一生，做的永远是"减法"，从出生那天开始，便进入了倒计时。好好想一想人的一生有多少天。春夏秋冬不停地轮回，人们过了一天便少了一天，所以要快乐每一天，因为错过了今天的幸福便永远不会再复制昨天的时光！

快乐每一天，活出幸福的滋味，就是当春天来临时听听花开的声音，看看明媚的春光；快乐每一天，就是珍惜生命中的每一分一秒，默默地承受无数次的风吹雨打，努力精心培育幸福的硕果。我们要把握好今天，抓紧时间创造幸福。

有一个关于什么时候最幸福的访问：

一个小女孩说："两个月时最幸福。因为可以被父母抱着跳绳，可以充分体验父母的关爱。"另一个小孩回答："两岁时才是最美好的。因为那时不用去上学，想做什么就可以做什么，想要什么父母都可以满足，那时我们就好像是父母的掌中宝。"一个少年说："18岁时。因为那时已经成年并且高中毕业了，可以开车去任何想去的地方。"一个女孩说："19 岁时。因为我可以谈恋爱了。"一个中年男人说："年轻精力最充沛的时候。现在我已经 50 岁，越来越感觉力不从心了，就连走上坡路都感觉吃力。我 15 岁的时候，通常午夜才上床睡觉。可现在，一到晚上九点就昏昏欲睡了。"一位女士说："45 岁时。因为那时已经尽完了抚养子女的义务，可以充分享受没有负担的快乐。"还有些人认为 40 岁时是人生中最幸福的年龄。因为人到 40 岁时，才是人生的开始。无论从精力还是从生活、事业上讲，都刚刚走上人生旅途中最光明的那段，而以前只是在清理前进道路上的"荆棘"。还有不少人说："60 岁时最幸福，因为那时可以开始享受退休生活，操劳了一辈子的心终于可以放下了。"最睿智的是一位老太太，她说："其实，生命中的每一天都阳光灿烂，只是人们不知道去珍惜。"

是啊，生命中每个年龄段都是美好的，最幸福的就是从今天开始做好每一件事，快乐每一天。"一寸光阴一寸金，寸金难买寸光阴。"生命中的每一天都有阳光灿烂的幸福，值得你微笑着度过每一分每一秒。珍惜你现在所拥有的宝贵时光吧。

雨果曾说："世界上最宽阔的东西是海洋，比海洋更宽阔的是天空，比天空更宽阔的是人的心灵。"然而，如今很多人却让自己的心灵变得越来越狭窄，越来越闭塞。

一位老师在给幼儿园的小朋友上课时，在黑板上画了一个圈，问："小朋友们，你们想象一下，这个圆可能是什么?"老师的提问刚刚结束，大家就争先恐后地发言，结果在两分钟内小朋友们说出了 22

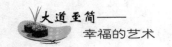

个不同的答案。有的说，这是香蕉；有的说，这是月亮；有的说，这是一个烧饼；还有一个小朋友说，这是老师的大眼睛。

这位老师拿着同样的问题来到大学课堂，要课堂上的"天之骄子"们想象一下黑板上的圆可能是什么。结果两分钟过去了，没有一个同学发言。老师没有办法，只好点名请班长带头发言。班长慢吞吞地站起来，迟疑地说："这，大概是个零吧！"

这样一个简单的问题，为什么幼儿园的小朋友能找出那么多有创意的答案来，而经过了小学、初中、高中，一路过关斩将的大学生们却答不出来？究其原因，就是小朋友还没有心灵的束缚，思想积极自由；而人越是成熟，顾虑、烦恼越多：有的人会认为这么幼稚的问题，自己回答出来一定会被笑话；有的人觉得事情有蹊跷，老师怎么会问这么简单的问题，因此答案一定很难。总之，这些大学生的心灵被戴上了"枷锁"，无法单纯地来看待这个问题，于是，本来简单的问题被弄得复杂化了。

一个人在地里劳动，满头大汗，可是他觉得很幸福，他就是幸福的；另一个人在自家花园里散步，可是他觉得自己很不幸福，他就是不幸福的。其实，幸福是一种感觉，它不取决于人的生活状态，而取决于人的心态。幸福不幸福，完全在于人的内心。

赛莉斯夫人决定到森林中去享受自然风光，好好享受她"现在"的时光。但是，到了森林中后，她却让自己的思想漫游到她在家时应当做的那些事情上——小孩、日常用品、住房、票据……她在想每件事情是否都安排妥当了。于是，本来应该享受幸福快乐时光的宝贵机会就这样失去了。

　　幸福有多大，在于你的心的容量。很多时候，当我们感到心烦意乱或倦怠正一步一步向我们逼近时，我们要学会调整自己，学会放松心情。心的空间，经思考而扩展。所以，无论我们的际遇是优是劣，我们都要竭尽全力把心放宽；无论遇见什么状况，重要的都是我们处理的方法与态度。其实，如果我们愿意撤下心防，仔细地想一想，就不难看出生活中并非总是阴影重叠，当我们选择转身面向门外的灿烂阳光时，就不可能总是被暗影迷雾笼罩。给心情留下些许的空隙，让幸福之光照进来吧。

　　只有让自己的心灵变得越来越宽广，快乐每一天，幸福才会越来越多。

在时间的流水里享受幸福的时光

幸福隐匿在时间的流水里，享受幸福的时光要用一颗平常心善待自己，善待他人。

有个小和尚，他负责每天早上清扫寺院里的落叶。清晨起床扫落叶实在是一件苦差事，尤其是在秋冬之际，每一次起风时，树叶总随风飞舞落下，每天早上都需要花费许多时间才能清扫完，这让小和尚头痛不已，他一直想要找个好办法让自己轻松些。

后来有个和尚对小和尚说："你在明天打扫之前先用力摇树，把落叶统统摇下来，后天就可以不用扫落叶了。"小和尚觉得这是个好办法，于是第二天他起了个大早，使劲地猛摇树。他想：这样就可以把今天跟明天的落叶一次扫干净了。

一整天，小和尚都非常开心。第二天，小和尚到院子里一看，不禁傻眼了。只见院子里如往日一样落叶满地。一位老和尚走了过来，对小和尚说："傻孩子，无论你今天怎么用力，明天的落叶还是会飘下来的。"

小和尚终于明白了，世上有很多事是无法提前的，唯有认真地活在当下，才是最真实的人生态度。

岁月就像一条河，时间的流水带来或带走我们的幸福时光，只有不断超越自我的人，才能不断享受新的幸福。人生在世，每个人都有自己独特的禀性和天赋，每个人都有自己独特的幸福切入点。在时间的流水里享受幸福的时光，只要按照自己的禀赋发展自己，你就不会忽略了幸福的光辉！

有人曾说过：一个人只活在此生此世是不够的，他还应当拥有诗意的世界。"诗意的世界"对人生而言是幸福的。要学会"诗意地栖居"，即学会工作、学会生活、学会欣赏，让自己成为一道美丽的风景。工作只是生活的一部分，我们在努力为生活奔忙的同时，还要暂时抛开琐事，给心灵放个假，这样才能快乐地度过一生。

只要自己的内心满足，精神充实，让心灵在时间的流水里自由自在地"散步"，这样简单而随意的生活就是幸福，是最真实的幸福。

把痛苦关在门外

很多人都有这样的经历：夜里怎么也睡不着，曾经的烦恼、忧愁、苦涩、失意的画面在自己的脑海里不断闪现，弄得自己心烦意乱、痛苦不堪。其实生活应该向前看，只有把自己从过去中解放出来，脚下才有幸福的路。因此，试着用希望迎接朝霞，用笑声送走余晖，用快乐充满每个夜晚，那么，生活的每一天将会更充实，我们也将活得更潇洒，不会再有痛苦的噩梦。

曾任英国首相的劳伦·乔治在和朋友散步时，每经过一道门都要随手把门关上。"您可以不必关门。"朋友微笑着告诉他。"哦，是的。"乔治若有所思地说，"可这一生我始终都在关我后面的门。要知道，当我把门关上，也就将烦恼留到了后面。这样，我就能轻松前行。"

乔治的回答似是答非所问，但细细品味，却蕴含着深刻的幸福哲理。"随手关门"就是忘记痛苦的往事及过去，摆脱烦恼，让我们从困境中轻松走出来，增强前进的动力。

有个俄罗斯人叫普什耶夫，金融风暴波及俄罗斯以后，许多人都受到了冲击，他便是其中一个。那时的普什耶夫已逾不惑之年，是伏尔加格勒小有名气的作家，虽然他的作品不是很多，但他写的故事总能迷住读者，因此稿费很可观，再加上每月有固定的薪水，一家人的日子也算宽裕。可现在他几乎一贫如洗了。普什耶夫消沉了很长一段时间，只好另谋出路。

祸不单行的是，他在辞职一个月后，不幸染上了肺病。住在医院那阵子，普什耶夫心灰意冷，天天躺在病床上长吁短叹。妻子既要上班，又要忙里忙外照顾老小，很快变得憔悴了，普什耶夫看在眼里却无可奈何。

一天，妻子来医院时给普什耶夫抱来一本厚厚的相册，让他消磨时光。说来也怪，翻看相册时，普什耶夫的心情好了许多。那本相册里，有普什耶夫孩提时的玩伴、青年时的朋友，有去过的旅游胜地及颁奖仪式时的留念，更重要的是有他和父母、妻女生活的点点滴滴的美好时光。当普什耶夫久久凝视那张母亲生病在床、抱着自己的老照片时，眼前突然一亮，他忘记了自己有病在身，竟然光着脚在地板上欢呼起来："我知道我可以做什么了！这一定是个不错的主意！"原来，普什耶夫想，回忆是人类固有的习惯，"过去的岁月"既可以给人的心灵慰藉，也可以让人伤心，他要办一家"怀旧公司"，通过贩卖"过去"，让人们摆脱过去痛苦的记忆或者追忆过去美好的时光。

之后的日子里，普什耶夫想尽各种办法，四处联系，精心准备，

不到半年，他的"怀旧公司"就开张了。这家公司坐落在伏尔加格勒的西北郊，起初规模很小，随着越来越多的顾客光顾，公司不断壮大，声誉日隆。如今，他的公司已经是一家远近闻名的大公司了，他也从事业的成功中获得了心灵的快乐和生活的幸福。

只有善于忘记痛苦及过去，人才会有不断前进的不竭动力。忘记可以把痛苦转化成对美好生活追求的动力，有了这种动力，再"悲惨"的人生也会有幸福的转机。曾经的痛苦不是束缚人的"大网"，深陷在痛苦中不善于遗忘才是毁灭幸福的"泥潭"。别让曾经的痛苦困住你，闻一闻花香，看一看阳光，你就一定能走在充满幸福的大道上。

不为打翻的牛奶哭泣

有的人总是仰望和羡慕别人的幸福，却没发现自己也正在被别人仰望和羡慕着。幸福其实就在当下，不要站在他人旁边羡慕他人的幸福；你的幸福一直在你身边，只要你还有生命，还有能创造奇迹的双手，你就没有理由消沉失落，更没有理由抱怨生活。

王明对自己的生活特别不满意，他的内心总充满抱怨：一起毕业的大学同学，有的事业有成，有的出国留学，有的当了高官，有的做了老板，而自己却在一家单位上班，过着朝九晚五的平淡生活，每个月拿着不多的工资。

然而同学聚会时很多人却羡慕王明："你的薪水虽然不高，但工作难得的清闲，没有压力；你虽然没有出人头地，但家庭和睦，你从来不用操心家事；你儿子的学习成绩不是特别好，但开朗活泼又孝顺……"

王明仔细想一想，他们说的也不无道理，原来他真的拥有如此之多的幸福，可是，为什么自己就没有体会到呢？

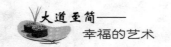

"上天给了每一个人一杯水，于是，你从里面饮入了生活。"人们往往容易忽视握在手心里的东西，眼睛却贪婪地盯着别人的拥有，甚至还常常为打翻的牛奶哭泣。在幸福面前，很多人生就一双"近视眼"，让那些原本属于自己的快乐和幸福悄悄隐遁。其实，不如跳出一米之外，借别人的眼光看自己，这样才能发现，原来自己就是那个幸福的人。

杰里是个饭店经理，他的心情总是很好。当有人问他近况如何时，他总是回答："我快乐无比。"

如果哪位同事心情不好，杰里就会告诉对方怎样看事物的正反面。他说："每天早上，我一醒来就对自己说：杰里，今天有两种选择，你可以选择心情愉快，也可以选择心情不好，我选择前者。每次有坏事情发生，我告诉自己：我可以选择成为一个受害者，也可以选择从中学些东西，我选择后者。人生就是选择，你要选择如何去面对各种环境，归根结底，即你选择如何面对人生。"

有一天，杰里忘记了关后门，被三个持枪的歹徒拦住了，歹徒朝他开了枪。幸运的是，杰里被及时送进了急诊室。经过 18 个小时的抢救和几个星期的精心治疗，杰里出院了，但仍有小部分弹片留在他体内。

六个月后，有位朋友见到了杰里，问他近况如何，他对未来怎么想。他说："我快乐无比。想不想看看我的伤疤？"那个人看了伤疤，然后问他当时是不是觉得很不幸并且痛苦不堪。杰里答道："当我躺在地上时，我没有为自己的遭遇抱怨，我对未来一点也不担心。我对自己说现在我有两个选择：要么悲惨地自怨自艾，要么快乐地活下去。我要选择快乐地活下去。医护人员都很好，他们认为我会好的，在他们把我推进急诊室后，我从他们的眼神中看到了失望的表情，我知道我需要采取一些行动。"

"你采取了什么行动？"杰里说："有个护士大声问我有没有对什么东西过敏。我马上答：'有的。'这时，所有的医生、护士都停下来等我说下去。我深深吸了一口气，然后大声吼道：'子弹！'在一片大笑声中，我又说道：'相信我的未来不像你们想的那么糟，我一定要好好活下去！'结果，我就这样顽强地活下来了。"

这个故事告诉我们：我们是自己命运的主宰，别为打翻的牛奶哭泣，只要我们多往好处想，勇敢地直面现实，充满信心地努力，未来的人生就会充满快乐的阳光；我们如果时刻往坏处想，深陷在痛苦中无法自拔，又担心害怕未来的挑战，患得患失，那么人生也就充满黑暗。心态的选择，会使我们的未来和命运出现截然不同的结果。我们走在人生的路上，会遇到无数的风浪，别让不愉快左右我们每一刻的心情，这样，我们才能体会到生活中幸福总比烦恼多，希望总比失望好。

珍惜现在，把握幸福

一个人的生活是否幸福，并不在于他拥有多少珍宝，而在于他是否有把握幸福的能力，在于他是否拥有了当下的美好时刻，正是这些组成了他生活中的幸福。留不住幸福是悲哀的，无法把握幸福同样是悲哀的。

每个人都要学会珍惜现在，不要等到灾难来临，才知道富贵不过身外之物；不要等到病痛来临，才知道健康的自己是多么幸福；不要等到死亡来临，才知道活着是多么美好；不要等到亲人离去，才知道家庭的温馨是多么可贵！时光匆匆，幸福稍纵即逝，所以要珍惜幸福的时光，快乐地生活。

有一对兄弟，住在大楼的 80 层。有一天他们外出旅行，回家时发现大楼停电了！虽然他们背着很重的行李，但看来没有什么别的选择，于是哥哥对弟弟说："我们爬楼梯上去！"

于是，他们背着两大包行李开始爬楼梯。爬到 20 楼的时候他们有点累了，哥哥说："包太重了，不如这样吧，我们把包放在这里，等来电后坐电梯来拿。"于是，他们把行李放在了 20 楼，这回轻松多了，他们继续向上爬。

他们有说有笑地往上爬，但是好景不长，到了 40 楼，两人实在太累了。想到只爬了一半，两人开始互相埋怨，指责对方不注意大楼的停电公告，才会落得如此下场。他们边吵边爬，就这样一路爬到了 60 楼。

到了 60 楼，他们累得连吵架的力气也没有了。弟弟对哥哥说："我们不要吵了，爬完它吧。"于是他们默默地继续爬楼，终于 80 楼到了！兴奋地来到家门口兄弟俩才发现，他们的钥匙留在放在 20 楼的包里了……

这个故事似乎也可以这样理解：20 岁之前，每个人都活在家人、老师的期望之下，背负着很多的"压力"、"包袱"，自己也不够成熟、能力不足，因此步履难免不稳。20 岁之后，没有了众人的压力，卸下了"包袱"，可以全力以赴地追求自己的梦想，就这样愉快地过了 20 年。可是到了 40 岁，发现青春已逝，不免产生许多遗憾和追悔，开始遗憾这个、惋惜那个、抱怨这个、嫉恨那个……就这样在抱怨中又度过了 20 年。到了 60 岁，发现人生已所剩不多，于是告诉自己不要再抱怨了，珍惜剩下的日子吧，于是默默地走完了自己的余年。到了生命的尽头，才想起自己好像有什么事情还没有完成……原来，我们所有的梦想都留在了 20 岁的青春岁月中，还没有来得及实现……

时光不会倒流，生命不会倒转，每个人在世界上逗留的时间其实

很短暂，只有抓住今天，珍惜、利用好现在的时光，才不会愧对人生。学会在现实中快乐地生活，该做什么就做什么，一个人就可能把伤心的一天变成快乐的一天，"现在"永远是追求幸福的时候！

一个富人和一个穷人谈论什么是幸福。穷人说："幸福就是现在。"富人望着穷人的茅舍、破旧的衣着，轻蔑地说："这怎么能叫幸福呢？我的幸福可是百间豪宅、千名奴仆啊。"

有一天，一场大火把富人的百间豪宅烧得片瓦不留，奴仆们各奔东西。一夜之间，富人沦为乞丐。

七月阳光似火，汗流浃背的"乞丐"路过穷人的茅舍，想讨口水喝。穷人端来一大碗清凉的水，问他："你现在认为什么是幸福？"富人眼巴巴地说："幸福就是你手中的这碗水。"

看到了吧，不管曾经怎样，珍惜现在才是最实在、最重要的。

一个人在任何情况下都可以选择幸福，幸福是人生永恒的主题。在你背负沉重包袱的时候，你一定要想办法让自己快乐。只有调整好心情，轻装上阵，从容地等待生活的转机，才能有幸福的收获。

珍惜现在就是忘记该忘记的，接受该接受的。荷兰阿姆斯特丹市有一座15世纪的教堂遗迹，里面有这样一句让人过目不忘的题词："事必如此，别无选择。"在现实面前，人类的力量往往非常渺小。所以面对不可避免的事，要用积极主动的心态去对待，让自己快乐地生活。

如果你不想被残酷的现实击倒，请记住：珍惜现在，接受无法改变的事实。接受现实，并不等于束手就擒于"不幸"，而是发现情势已不能挽回时就不再思前想后，拒绝面对。只要有任何可以挽救的机会，就不应该轻言放弃。如此，才能到达幸福的彼岸。

幸福不曾走远，有耐心终能找到

幸福从未曾远离你，如果耐不住寂寞，你看到的就只是繁华物质财富外在的虚光，而真正的幸福却被蒙蔽了。

人生总会遇到挫折，幸福更需要"十年磨一剑"的等待。

一位农夫在地里种下两粒种子，很快它们就长成了同样大小的树苗。第一棵树决心长成一棵参天大树，所以它拼命地从地下吸收养料，储备起来，滋润每一分枝，盘算着怎样向上生长，如何完善自身。由于这个原因，在最初几年里，它并没有结出果实，农夫对它有些失望。

另一棵树，也一样拼命地从地下吸取养料，打算早点开花结果，而且它做到了这一点。这使农夫很欣赏它，经常浇灌它。

但是随着时光的飞转，几年后那棵久不开花的大树由于身强体壮，养分充足，终于结出了又大又甜的果实。而那棵过早开花结果的树，却由于还未成熟时便承担起了开花结果的任务，所以结出的果实苦涩难吃，树也因此而累弯了腰，渐渐地枯萎了。农夫只能叹口气，用斧头将它砍倒，当柴烧了。

幸福是一个积蓄的过程，没有谁能随随便便喊几句"我要幸福"之类的口号就能轻易实现目标。一个人没有深厚的积累，即使想一步达到幸福的彼岸，也是心有余而力不足。

有耐心的人处处都能静心，也更能体味生活中幸福的甘美。

唐朝诗人白居易去拜访恒寂禅师。当时天气非常热，他却看到恒寂禅师在房间内非常安静地坐着。

白居易就问："禅师！这里好热啊！为什么不换个清凉的地方？"

恒寂禅师说："我觉得这里非常凉快啊！"

这事对白居易有所启发，于是他作诗一首：人人避暑走如狂，独有禅师不出房。非是禅房无热到，为人心静身即凉。

可见，有耐心是一种修养，就算是生活在闹市之中，有耐心的人也能保持内心的宁静，在他们眼中，处处都是好山好水，就算是身处浮躁、诱惑之中，也能够出尘不染，找到快乐。可见寻找幸福需要耐心！只有去除浮躁，静下心来，才可以看到一片好风景。

幸福在日常生活中俯拾即是，志存高远而有耐心的人会有成功的喜悦；而急于求成的人只会得到失败的结果。所以我们要耐得住寂寞，积累能力，厚积薄发，等待幸福的来临。

一个辍学的孩子到城里寻活干，最后找了份替快餐店送"外卖"的工作，每月工资不高，但很辛苦。他有过许多同伴，但他们都干不长，少则一月，多则三月，都受不了那微薄的工资而跳槽了。他却干

了八年，从一个少年长成青年。远近市场的商贩们几乎全认识他，八年时间，他们都认同了这个孩子的为人，他的信誉甚至比快餐店老板的还好。

直到有一天，他辞去了快餐店的工作，开了一家家政服务公司，这时大家才知道原来这个孩子开始自己创业了。家政服务公司竞争激烈，但是他的公司生意却非常好，原因很简单，他在送外卖的八年中，认识了几千位客人，而他给他们留下了最好的印象。当他在城里开起第四家连锁公司的时候，认识他的人都觉得不可思议：一个送外卖的孩子，怎么可能单枪匹马在竞争激烈的市场中脱颖而出呢？他却说："很少会有一个人坚持送八年的外卖，但我想只要有耐心，幸福的生活一定会来的。"

很多人都有积极行动的勇气，却缺乏等待胜利果实到来的耐心。当然，耐心等待并不是一件容易的事，耐心等待幸福的过程可能需要很多时间成本，可能要面对种种非议、猜疑。但越是在不自信的时候你越要提醒自己，今天付出的努力，不见得在明天就能看到效果和回报，幸福需要耐心，需要心无旁骛，需要一心一意地追求和努力。

人在旅行中，每一步都有值得驻足欣赏的风景，生活也一样。不要让你的生活太过匆忙，以至于忘了幸福在哪里。我们无须等到生活完美无瑕再去"捕捉"幸福，也无须等到功成名就再去寻找幸福，想要幸福，现在就可以开始耐心地把人生当作一次旅行，好好驻足欣赏沿路的风景。

放空心灵，幸福才能走近

我们每天都要经历各种开心或不开心的事，幸福与否取决于自己的心态。放空心灵，幸福才能走近你。

有个禅语叫作"成见不空"，告诉人们心里不要产生成见，也不要自满。因为，一个人如果心里装满了想法，他就不能客观地看待很多问题。所以我们必须要有"归零"的心态，这样才能体会到幸福的意境。

有位学者来到南隐禅师处，专门请教什么叫"禅"。禅师以茶水招待他，倒满杯子时并未停止，继续倒。

眼看茶水不停外溢，学者实在忍不住了，就说道："禅师！茶已经漫出来了，请不要再倒了。"

南隐禅师说道："你就像这只杯子一样，心中满是学者的看法与想法，如果你不先把自己心里的杯子倒空，叫我如何对你说禅？"

当一个人心里存在一种想法的时候，就很难做到正确认识一件事物。放空心灵，能够使黯然的心变得充实美丽；放空心灵，能

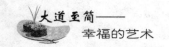

够把一些无谓的痛苦扔掉，告别烦乱，快乐也就有了更多更大的空间。

一个人只有放空心灵，还原心灵的本质，幸福才能走近。忘掉猜疑、仇恨、痛苦，才能在内心重新播下幸福与欢乐的种子。生活中的名誉、地位、财富、人际关系、烦恼、忧闷、挫折、沮丧、压力过多地积压在心里，会让人越来越压抑，拖垮已拥有的幸福。如果不及时清理，原本的幸福就会远离。放空心灵不需要什么惊天动地的力量，解开拴住心灵的"铁链"就可以了，即"放下"。

一个小孩看完了精彩的马戏表演后，跟在父亲身后去喂表演完了的动物。他来到一头大象旁，不解地问："爸爸，大象有那么大的力气，而它的脚上只系着一条小小的铁链，难道它无法挣开那一条铁链逃走吗？"

父亲微笑着耐心地说道："是的，大象挣不开那条细细的铁链。因为在大象还小的时候，驯兽师就用这条细细的铁链系住了大象的腿，那时候大象也想挣脱这条小小的铁链，可是挣扎了很多次都没能挣脱，于是，它就放弃了这个念头，觉得自己根本无法逃脱，也就不再挣扎了。因此，它长大以后，尽管已经有了足够的力气挣脱铁链，但是它的心灵已经被禁锢，它不愿意再尝试了。那条铁链不只拴住了它的腿，更拴住了它的心灵。"

世上的烦恼永远不会有了却之时，"放下"是对人生悲欢的一种理解和包容。每一次"放下"留给人们的都会是思索未来的勇气，都会是追求新的幸福的动力。"放下"之后仍然要风雨兼程，"放下"后才不会因为得失而抱怨、沉沦，因为，只有"放下"才会有执着的奋起追求！只有"放下"，前方的路才会走得更坚实，未来的日子才不会有太多的遗憾！